辽宁省职业教育"十四五"首批规划教材
全国高等职业教育地质类专业"十三五"规划教材
高等职业教育应用型人才培养规划教材

地质学基础

主　编　张金英　马叶情
副主编　黄树梅　王祥邦　田　庆

U0171866

黄河水利出版社
·郑州·

内 容 提 要

本书作为地质专业的入门课教材,按照项目教学进行了框架设计,系统介绍了地质学的基本理论和研究方法,主要内容有地球的基本特征,内、外动力地质作用的过程及其产物,地质现象的识别,地球的发展历史等。

本书可作为高职高专矿产勘查和国土资源调查等专业教材,可供开设地质学基础的工程地质、矿山地质等专业的高职院校使用,也可作为从事地质相关工作技术人员的参考书。

图书在版编目(CIP)数据

地质学基础/张金英,马叶情主编. —郑州:黄河水利出版社,2020.7 (2024.7 修订重印)
全国高等职业教育地质类专业"十三五"规划教材
高等职业教育应用型人才培养规划教材
ISBN 978-7-5509-1353-0

Ⅰ.①地… Ⅱ.①张… ②马… Ⅲ.①地质学-高等职业教育-教材 Ⅳ.①P5

中国版本图书馆 CIP 数据核字(2019)第 146627 号

策划编辑:陶金志　电话:0371-66025273　E-mail:838739632@qq.com

出 版 社:黄河水利出版社　　　　　　　　　　网址:www.yrcp.com
　　　　　地址:河南省郑州市顺河路黄委会综合楼 14 层　邮政编码:450003
发行单位:黄河水利出版社
　　　　　发行部电话:0371-66026940、66020550、66028024、66022620(传真)
　　　　　E-mail:hhslcbs@126.com
承印单位:河南承创印务有限公司
开本:787 mm×1 092 mm　1/16
印张:12.5
字数:304 千字
版次:2020 年 7 月第 1 版　　　　　　　印次:2024 年 7 月第 2 次印刷
　　　2024 年 7 月第 1 版修订

定价:39.00 元

本书编审委员会

参 与 院 校

（排名不分先后）

辽宁地质工程职业学院	云南国土资源职业学院
江西应用技术职业学院	兰州资源环境职业技术学院
湖南工程职业技术学院	甘肃工业职业技术学院
重庆工程职业技术学院	昆明冶金高等专科学校
湖北国土资源职业学院	河北地质职工大学
福建水利电力职业技术学院	安徽工业经济职业技术学院
河北工程技术高等专科学校	湖北水利水电职业技术学院
湖南安全技术职业学院	湖南有色金属职业技术学院
黄河水利职业技术学院	晋城职业技术学院
广东水利电力职业技术学院	杨凌职业技术学院
河南工业和信息化职业学院	河南建筑职业技术学院
辽源职业技术学院	江苏省南京工程高等职业学校
长江工程职业技术学院	安徽水利水电职业技术学院
内蒙古工程学校	山西煤炭职业技术学院
陕西能源职业技术学院	昆明理工大学
石家庄经济学院	河南水利与环境职业学院
山西水利职业技术学院	云南能源职业技术学院
郑州工业贸易学校	河南工程学院
山西工程技术学院	吉林大学应用技术学院
安徽矿业职业技术学院	辽宁交通高等专科学校

前　言

　　为了贯彻落实党的二十大精神,充分反映产业升级和行业发展最新进展,吸收比较成熟的新知识、新技术、新工艺、新规范,对接科技发展趋势和市场需求,不断提高教材质量,2024年3月,编者根据国家及行业颁布的最新标准、规范、规程,以及在教学实践中发现的问题和错误,对全书进行了修订完善。

　　地质学基础是高职高专院校地质类及相关专业开设的地质入门课程。本书是在借鉴之前出版的本科和高职高专地质学教材的基础上,结合高职院校地质类专业人才培养目标和要求,由多家地质类高职院校专业教师团队共同完成。

　　本教材具有完整的教学体系,教学内容系统化,结构安排项目化,全书以地质学基础知识为主线,让读者了解地球的起源、发展、特征,认识地球上常见的矿物、岩石、古生物及地质构造,知晓地质作用产生的原理和现象。本书语言简练,注重培养学生的专业素养和专业认知技能,为学生开启一扇通向地质科学的大门。

　　本书编写人员及编写分工如下:辽宁地质工程职业学院张金英负责编写绪论、项目一、项目二、项目三和项目六,甘肃工业职业技术学院马叶情负责编写项目四、项目五和项目十一,辽宁地质工程职业学院田庆负责编写项目七、项目十和项目十二,河北地质职工大学黄树梅负责编写项目八、项目九和项目十三,云南能源职业技术学院王祥邦负责编写项目十四、项目十五和项目十六,江西科技学院黄坚负责编写项目十七。全书由张金英统编、定稿,由张金英、马叶情担任主编;由黄树梅、王祥邦、田庆担任副主编。

　　本书在编写过程中得到编者所在院校领导和老师以及黄河水利出版社的大力支持和帮助,在此表示衷心的感谢。

　　本书编者付出了很大的辛苦和努力,并得到了审稿专家的指导,但书中难免存在不妥之处,敬请读者批评指正。

编　者
2024 年 3 月

目　录

第三篇　内动力地质作用

第四篇　地球的历史简述

绪　论

一、地质学的研究内容、任务及分科

地质学是研究地球的一门自然科学,主要研究固体地球特别是岩石圈的理化性状和发展规律。地质学研究的内容包括:地球内部的物质组成和分布规律、形成和变化规律;地球内部的结构和构造;地表形态的发展过程及其发育规律;勘查地下资源的技术方法等。

地质学课程的任务是使学生掌握最基本的地质知识和地质工作方法,学会使用规范的地质学语言,具备初步的野外调查能力,为学习后续专业课程和将来从事地质专业工作奠定基础。

随着地质学的不断发展,越来越需要对专门学科进行研究。目前,地质学已发展成为互相联系的各学科体系的总称,这些学科有:

研究岩石圈的物质成分及其形成、分布和变化规律方面的矿物学、岩石学、矿床学、地球化学等。

研究岩石圈的结构、构造和地表形态的变化特征及发展规律方面的构造地质学、大地构造学、地质力学、地貌学、动力地质学等。

研究岩石圈的形成历史、发展规律以及生物界演化特征方面的地史学、古生物学、地层学等。

研究矿产资源的调查及勘探理论与方法的地质矿产调查与勘探、地球物理探矿、探矿工程、遥感地质、水文及工程地质等。

研究地球物质运动对人类的影响等其他方面的海洋地质学、地震地质学、环境地质学等。

研究地质作用需要运用数学、物理学、化学、生物学等方面的基础知识。地质学与其他自然科学中的专门学科也有密切的关系,如研究地球水圈中各种水体的性质和运动规律的水文学,专门研究水和大气的海洋学、气象学,研究地球物质性质的发生原因及过程的地球物理学,研究宇宙物质的物理性状及演化过程的天体物理学等。一方面地质学要利用其他学科的基本原理、方法技术和研究成果,促进其发展;另一方面地质学的研究成果,又为其他学科的发展提供物质上和理论上的依据。

二、地质学的研究方法

所有的科学研究都是运用观察、分析和试验的方法。地质学的研究对象是地球,其形成和发展的历史约有 46 亿年,在这漫长的历史中,它始终处在永恒运动和变化中,我们现在见到的地球,已经经过无数次地质作用的改造和破坏,其地质现象只能代表地球演变过程中的一个侧面。针对地质学研究对象的特殊性,其研究也需要用辩证的、科学的方法来指导。

地质学的主要研究过程如下:

第一步是收集资料。一方面通过到野外观察各种地质现象,取得详尽的第一手资料;另一方面也要尽量收集前人的研究成果,为正确分析打下基础。只有在前人成果的基础上进行研究,才能取得新成果。在收集资料时要实事求是,在调查的同时要进行分析研究,收集有用资料。

第二步是将收集的资料进行综合分析,先解决一些容易解决的问题,对需要验证的问题做出初步判断,拟订可能的方案或模式进行试验,以便进一步深入观察。由于地质现象规模大、条件复杂和形成时间极其漫长,还有许多无法直接观察的地球内部作用,如矿藏的形成、火山活动、地震过程及构造作用等,一般试验方法在地质学研究中受到限制,只能采用模拟试验的方法,如仿照地球深部的高温、高压环境,以推测地球内部物态及其变化,或将规模巨大、历时漫长的地质现象和地质作用过程(如山脉及其形成过程、火山及其爆发过程、地壳变形等)按比例缩小规模、缩短时间,在室内使它们近似地重现以进行推测。这种模拟试验有助于我们对地质现象和地质作用过程了解得更深入。由于我们不可能完全模仿大自然复杂且多变的条件,故模拟试验所得结果往往与实际情况不完全一致。因此,需要反复多次进行试验,随时补充和修改。一般地,试验结果与实际资料基本符合即可。

第三步是在分析归纳的基础上结合试验成果进行反演推理,即将今论古的思维方法,就是根据现代地质作用的特征推断地质历史中发生过的地质作用。由于岩石圈的物质组成和各种地质现象大多是几十万年甚至几十亿年以前地质作用的产物,我们无法看到过去的地质作用过程,但能观察到岩石中留下的痕迹,由此可以推断曾经发生的地质作用。例如,我们知道食盐是在干旱气候区蒸发形成的,煤是在湿热气候区植物被埋藏在地下经地质作用形成的,在温暖清澈的海水中有现代造礁珊瑚的存在等。因而,根据地层中的盐层、煤层、珊瑚礁等就可推断地质历史时期的相似自然环境;发现某地有喷出岩存在,就可推断该地区过去曾发生过火山喷发;也可以根据谷地的形态特征分析推断它是由河流或冰川或风力地质作用形成的。

但是,在运用将今论古的推理方法时,不能简单机械地生搬硬套,因为事物运动发展过程虽然有周期性,但并不是简单重复和一成不变的。过去的环境不同于现代的环境,过去的生物也不同于现代的生物,有些生物的生活习性也有明显变化,如海百合现在主要生活在深海,而过去则生活在浅海。所以,必须从多方面进行综合研究,才能得出正确的结论。

地质学中研究的矿物、岩石和地质构造等,除部分露出地表外,大部分都埋藏在地表以下,因此仅在地表观察显然不够,还需要利用钻探、坑探、化探和物探等方法对地下地质情况进行了解。特别是物探方法,其探测深度大,既经济又迅速。当前经济建设迅速发展,迫切需要更多的矿产资源,因此不仅要加强地表的找矿工作,而且要找寻地下深处的盲矿体。可见,研究深部地质的物探方法和有关研究深部地质的其他理论、方法的应用和探索,在现代地质研究工作中占有相当重要的地位。

三、地质学的发展及研究意义

地质学是人类在长期的生产实践和探索地球奥秘的过程中逐渐发展起来的,在曲折的

历史发展过程中,原始朴素的地质知识逐渐形成了系统的地质科学体系。

(一)地质学的形成与发展概况

远古时期,人类在制作和使用石器的过程中,逐步了解了岩石、矿物的某些性质,我国的蓝田人、北京人所用石器大都由硬度较大的石英质矿物和岩石制成,表明人类对岩石、矿物的相对硬度有了一定认识。商代、周代是中国青铜器鼎盛时期,那时所用的铜矿石主要是自然铜和孔雀石。战国时期,我国步入铁器时代。秦汉以来,人们开始开发和利用石油、天然气、煤和盐。这些地质知识的积累促进了生产力的飞跃发展,扩大了矿物、岩石的利用范围,也出现了一定规模的找矿活动。

古人在经受地震、火山、洪水的灾害并与之斗争的过程中,逐步认识了大自然中的地质现象和过程。这一时期,人们对地球和地质现象的认识是直观的,解释是猜测的、思辨的,体现了朴素的唯物主义自然观。在西方,古希腊文明的出现促进了地质概念的初步形成。公元前6世纪,毕达哥拉斯提出了地球球形说。亚里士多德认识到地球在不断演化,并对矿物和岩石进行了分类,在《气象学》中讨论了矿物成因。古希腊泰奥弗拉斯托斯的《论石》是最早的有关岩矿的专门著作,书中描述了70多种矿物,将岩石分为石质和黏土两大类,论述了其颜色、硬度、结构、可燃性、可溶性等性质。

欧洲在漫长的中世纪时期,曾由于宗教的禁锢,科学发展缓慢。16世纪时,欧洲处于"文艺复兴"时期,具有进步思想的学者开始向黑暗的宗教统治挑战,如波兰天文学家哥白尼及其继承者布鲁诺,论证了地球围绕太阳旋转的太阳中心说,对科学的发展起到重要的推动作用,布鲁诺也为此付出了生命的代价,被当时的教会活活烧死。意大利学者达·芬奇发现岩层中含有海生贝壳化石,由此推断该地区曾是海洋环境。与此同时,德国学者阿格里科拉根据矿物的性质对其进行分类,成为系统阐述矿物学原理的先驱。

17、18世纪,地质哲学思想初步形成。地质学研究的许多问题,得到其他自然科学的论证,人们从大量的地质调查和矿产开采生产实践中,获得了丰富的实际资料,并进行了系统的研究和总结,逐步形成一门独立的学科。18世纪末至19世纪初,地质学的几个主要分科已初步形成,最早出现的是矿物学,接着出现的是地层古生物学和地质制图学,随后,岩石学、构造学和矿床学、动力地质学等也相继诞生。德国矿物学家维尔纳第一个将地质学系统化,并于1775年在德国弗赖堡开设了地质学课程。英国地质学家莱尔出版了《地质学原理》,奠定了现代地质学的基础。

20世纪以来,社会生产力和科学技术有了全面稳定的发展。地质学的分支学科,如地层学、古生物学、岩石学、矿物学和构造地质学都向纵深发展,并开拓了许多新的研究领域。地质学各分支学科间的相互渗透和新技术方法的应用导致了新的边缘学科出现,如古地磁学、地质年代学、地球物理学、地球化学等,促进了地质研究从定性到定量的过渡,并向微观和宏观两个方向纵深发展,地质学进入了一个新的发展阶段。遥感技术(RS)、地理信息系统(GIS)和全球定位系统(GPS)的应用,促进了地球系统科学研究的蓬勃发展。特别是21世纪的今天,人类正面临着资源危机、环境保护、防灾减灾等实际问题,地质学的未来发展也将由原来的资源开发向绿色环保转变,实现人类社会的可持续发展目标。

(二)地质学的研究意义

地质学是自然科学的组成部分,其研究结果对自然辩证法体系的完整性有重要的意义。地质学的研究可以揭示地球的形成、发展、演化过程及其规律,对于人类认识自然界、建立科学的世界观有重要的意义。

地质学的研究意义还在于其服务经济社会的发展。目前,人类社会的发展面临的主要问题是不可再生资源枯竭、生态环境恶劣、自然灾害频发等,研究地质学能很好地为经济社会发展服务,使人类认识地球、了解地球的发展和演化规律,从而合理开发和利用自然资源、保护和改善自然环境、预防和减轻自然灾害。

第一篇 地质学导论

项目一 认识地球

学习目标

　　本项目要求了解地球的形成及表面特征,掌握地球的物理性质、结构和物质组成等方面的知识。

【导入】

　　地球是浩瀚宇宙中的一颗行星,它是如何形成和演化的? 它的结构和组成物质是什么? 让我们从宇宙的起源开始来认识我们生存的地球。

【正文】

任务一 宇宙中的地球

一、宇宙、银河系、太阳系概述

(一)宇宙的起源

"宇"指的是无边无际的空间,"宙"指的是无始无终的时间。古人对宇宙的粗浅认识和迷惑不解导致了一些神话的诞生,盘古开天辟地的传说代表了古代中国人对宇宙起源的朴素理解。

在西方,宇宙这个词源自希腊语,古希腊人认为宇宙的创生是从混沌中产生出秩序来。公元 2 世纪,古希腊哲学家托勒密总结了前人的认识后提出了地心说理论体系,这一理论流传了 1 000 多年。

1543 年,哥白尼提出的"日心说"理论被公诸于世,该理论认为太阳位于宇宙中心,而地球则是一颗沿圆轨道绕太阳公转的普通行星。1609 年,开普勒揭示了地球和诸行星都在椭圆轨道上绕太阳公转,发展了哥白尼的"日心说"。同年,伽利略率先使用望远镜观测天空,用大量观测事实证实了"日心说"的正确性。

1687 年,牛顿提出了万有引力定律,使"日心说"有了牢固的力学基础,人们开始建立起

科学的太阳系概念。此后,经过布鲁诺、哈雷、康德等天文学家的研究和观测,逐步确立了科学的银河系概念和河外星系的存在。近半个世纪,人们通过对河外星系的研究,不仅发现了星系团、超星系团等更高层次的天体系统,而且已使人们的视野扩展到远达 200 亿光年的宇宙深处。

20 世纪初,爱因斯坦的广义相对论改变了有关宇宙起源和命运的讨论,静态的宇宙时间是无限的,而弯曲时空的理论揭示宇宙正在膨胀或收缩,哈勃利用望远镜进行观测发现,宇宙正在膨胀,星系之间的距离随时间恒定地增加,这表明过去它们曾经更加靠近。该预言宇宙从大爆炸起始,隐含着时间有一个开端。广义相对论也预言,一个大质量的恒星不能产生足够的热去平衡其自身使它收缩的引力时,恒星到达生命的终点。现在我们知道,这类恒星将会继续收缩直至变成黑洞,时间将会到达尽头。

宇宙究竟是无限的,或者仅仅是非常浩渺的呢? 它是永恒存在的,或者是年代久远的呢? 关于宇宙的起源问题,科学家们还在不断地探索,并取得了显著的进展。

(二)银河系和太阳系

宇宙是物质世界,它包含恒星、行星、卫星、流星、彗星等星体,也有尘埃、气体、类星体、黑洞及各种射线源等,所有这些物质统称为天体,包含了大量恒星和无数星际物质的天体系统(称为星系),每个星系包含难以计数的亿万个恒星,其中许多恒星还被行星所环绕。当我们观察宇宙的深处时,看到亿万个星系,星系有不同的形状和尺度,它们可以是椭圆状的,也可以是螺旋状的,小的星系有几万颗恒星,大的有上千亿颗恒星。太阳所在的星系为银河系,银河系以外的其他星系统称为河外星系。

银河系是旋涡状星系,似一个巨大的中间厚、四周薄的银盘,直径约 10 万光年,中心厚度约 1 万光年,它由 1 500 亿 ~ 4 000 亿颗恒星和无数星际物质组成,平行于银盘望去恒星密集,垂直于银盘方向上的天空星体稀疏,众多的恒星围绕着银河系的中心旋转(见图 1-1)。

图 1-1 银河系

长期以来,科学家认为银河系有四个主旋臂,最新的研究表明,银河系只有两条主旋臂,这两条主旋臂就是英仙座旋臂和盾牌座 – 半人马座旋臂,它们都与银河系核球中心的恒星棒连接着,这意味着银河系很可能是一种棒旋星系。2015 年 3 月 12 日,科学家发现真实的银河系比之前想象的要大 50%(见图 1-2)。

太阳是银河系众多恒星中的普通一员,位于银盘中心平面附近和一条旋臂(猎户座旋臂)的内缘,距银核约 3 万光年,以约 2 亿年的周期绕银河系中心旋转。以太阳为中心的天体系统称为太阳系。太阳占太阳系总质量的99.87%，是一颗炽热的恒星。组成太阳的主要元素是氢，大约占71%；其次是氦，约占26.5%；其他元素只占2.5%左右。太阳系包含八大行星、卫星、小行星、彗星、陨星和星际物质等，八大行星按其与太阳距离的远近，依次为水星、金星、地球、火星、木星、土星、天王星、海王星(见图1-3)，它们以太阳为中心，在万有引力作用下遵循自己的轨道和方式运行并互相影响。

图1-2 银河系旋转图

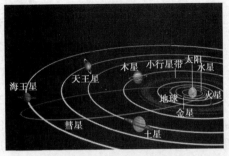

图1-3 太阳系八大行星

太阳系八大行星按其物理性质可分为两类：一类以地球为代表，称为类地行星，因为它们离太阳近，又叫内行星，内行星有水星、金星、地球和火星，它们的共同特点是质量和体积小，密度大，以固体物质为主，自转速度较慢；另一类以木星为代表，称类木行星，因其离太阳较远，又叫外行星，外行星有木星、土星、天王星、海王星，其共同特点是质量和体积大，密度小，以流体为主，自转速度较快。

卫星是围绕行星运行而自身不发光的天体。月球是地球唯一的卫星，半径为1 738 km。

关于太阳系的起源，到目前为止已有几十种假说，可以归纳为三大类：一类为星云说，这类假说认为太阳系所有天体是由同一个星云物质形成的，其附近有超新星爆发提供核能量；另一类假说为灾变说，认为先有一个原始的太阳，后来在另一个天体的吸引或撞击下分离出大量的物质，形成行星和卫星等天体；还有一类假说为俘获说，即先有一个原始太阳，以后太阳俘获了银河系中的其他物质，形成了行星和卫星等天体。

下面介绍几种假说。

1. 康德星云说(1755)

德国哲学家康德(1724~1804年)于1755年出版了《自然通史与天体论》一书，认为宇宙中弥漫着气体与尘埃组成的星云，在万有引力作用下，密度较大的微粒吸引了周围密度较小的物质逐渐集成大的团块，从而引力增大，促使聚集加快，形成巨大的球体，即原始太阳。原始太阳周围的微粒继续向引力中心竖直落下时，由于斥力而发生偏转，其中有一个主导方向，遂形成扁圆的旋转云状物。同时逐渐聚集成小团块，在引力和斥力的共同影响下绕太阳旋转，形成行星。行星周围的颗粒以同样过程形成卫星。太阳是在太阳系聚集时开始发热发光的。行星中密度较大者受到较大引力而离太阳近，密度较小的离太阳远(见图1-4)。该假说的主要问题在角动量的分配上，而且原先不动的原始太阳在引力和斥力下会旋转起来也是不可能的。

2. 拉普拉斯星云说(1796)

法国天文学家兼数学家拉普拉斯(1749~1827年)在1796年出版的《宇宙体系论》中提出太阳系成因的"星云假说"。认为原始太阳是炽热的球形星云，直径有太阳系直径那么大，缓慢自转。由于散热收缩而自转加速，赤道离心力增大，星云变扁，当离心力超过向心力

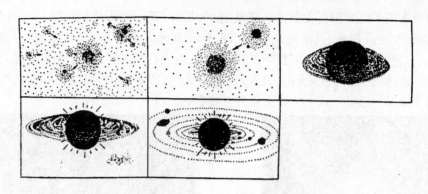

图1-4　康德星云说（据李叔达，1983）

时分离出一个环,以后又相继分离出五个环(当时只知道六颗行星),各环绕太阳运转时逐渐吸聚成行星。热的行星以同样的方式形成卫星(见图1-5)。现知木星、土星和天王星都有这样的环就是证据,人们把这种环称为拉普拉斯环。这个假说也没有解决角动量分配问题。如果行星是太阳分出来的,两者的角动量与质量关系应该一致,现在却大不相同。太阳目前的转速太低,不能抛出环来。

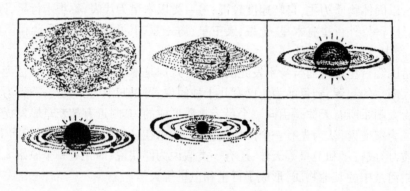

图1-5　拉普拉斯星云说（据李叔达，1983）

3. 金斯潮汐说(1916)

金斯潮汐说是英国天文学家兼物理学家金斯(1877～1946年)于1916年提出的关于太阳系形成的一种学说。他主张炽热的原始太阳在与另一巨大星体接近时受吸力或碰撞,使原始太阳抛出一股气流或团块,凝聚成行星绕太阳旋转。该假说的根本问题是:恒星间距离遥远且有各自的轨道和规律,不可能靠近到发生引潮或碰撞。

4. 施密特俘获说(1946)

苏联学者施密特(1891～1956年)于1944年提出施密特俘获说。他认为,原始太阳随银河系公转,在经过有大量星际物质弥漫的空间时,将它们吸引在周围,成为行星的物质来源,用外来物质形成包括地球在内的九大行星。实际上,当太阳比暗星云的角动量小得多的时候,不可能发生俘获。

5. 霍伊尔－沙兹曼磁耦合假说

20世纪60年代,英国天文学家霍伊尔和法国天文学家沙兹曼从电磁作用的机制来研究太阳系的起源问题。他们的假说的要点是角动量是可以由带电粒子在磁场中运动的方式来转移的。在太阳系形成的开始阶段和拉普拉斯星云说有些相似。认为太阳系开始时是一团凝缩的星云,但温度并不高,转动并不快,转动速度因急剧收缩而加快,当收缩到一定程度时,它的转动就达到不稳定的状态,两极渐扁,赤道突出,物质终由此处抛出,形成一个圆盘。当中心体与圆盘脱离后,继续收缩,不再分裂,最后形成太阳。圆盘内物质则相互凝聚成了行星。星际空间存在着很强的磁场,太阳的热核反应发出电磁辐射,使周围的气体云盘成为等离子体在磁场内转动,从而使太阳的角动量转移到圆盘上。由于角动量的增加,圆盘向外扩展,太阳不断收缩,因失去了角动量而使其自转速度减慢。因为太阳辐射作用产生的太阳风推开了轻的物质,聚集成类木行星,较重的物质未能被推走便在太阳附近聚集成为类地行星。

近30年来,随着天文学的巨大进步,关于太阳系的起源问题才得到一些共识,现代太阳系起源假说基本包括以下四个阶段:

第一阶段:原始太阳气尘云与邻近的一颗即将成为超新星的星。

第二阶段:超新星爆发,原始太阳气尘云在超新星影响的范围之内,并从超新星的爆发中获得能量和重元素、放射性同位素等。

第三阶段:在超新星能量的推动下,太阳气尘云开始旋转并逐步形成中心的太阳。当太阳达到一定大时,内部开始发生热核反应,年轻的恒星,尤其是质量大的恒星开始向外抛射物质,在太阳系外围形成环绕太阳的环。

第四阶段:太阳系的中间部分形成太阳,环绕太阳的环逐渐凝聚成星子,并以星子为中心逐渐形成行星,行星的卫星也有着相似的过程。

太阳系形成初期,太阳周围的原始行星云和太阳都快速地旋转着,渐渐地被磁流体动力所减缓,使太阳系中的惯量重新分配,在太阳系星云的演化中,太阳可能以电磁力或湍流对流的形式向行星转移惯量。

二、地球的形成

地球形成至今已有46亿年的历史,原始地球圈层形成的问题是与太阳系的形成紧密联系在一起的。

(一)地球内圈的形成

地球内圈的形成过程有两种不同说法。一种说法是在地球凝聚过程中逐步形成的,地核的铁镍和地幔的硅酸盐物质是在灼热的太阳星云冷却过程中先后凝聚出来逐步凝成的。在太阳星云逐渐冷却过程中,铁镍的沸点较硅酸盐高,便先凝聚出来聚集成地核,直到铁镍大都凝聚出来,地核也就不再增长,然后硅酸盐继之凝聚出来包围地核而形成地幔,最后是沸点较低的元素凝聚出来形成岩石圈(地壳和地幔顶部)。从太阳星云冷却到凝聚成地球的过程进行得快,可能只需要几百年或几千年。

另一种说法是分异说。原始地球由星际物质聚集起来后还是冷的,密度和成分完全均匀,铁镍和硅酸盐混在一起,所有元素都是固体。由于原始地球中放射性元素含量比现在多得多,放出大量蜕变热使原始地球局部熔化。由于铁镍的熔点比大多数硅酸盐的熔点低些,当温度升高时,在400~650 km深度的铁镍首先熔化(因为更深处的压力较大使熔点升高),形成熔融金属层。硅酸盐也开始软化,此时发生了重力分异过程,比重较大的铁镍往下沉,比重较小的硅酸盐向上浮,熔融的铁镍逐渐聚成"块体"。在分异过程中产生摩擦热

使深处铁镍也熔化下沉,最终全部集结到地心形成地核,硅酸盐形成地幔。地幔中温度高,引起紊流,为不稳定状态,其中最轻而易熔元素如钠、钾、钙、铝等便上升到最上层,形成岩石圈(地壳和地幔顶部)。放射性元素蜕变加热过程需几百万年时间才开始分异,分异过程也很慢,地核在长时期分异中逐渐增大。

(二)地球外圈的形成

有人认为地球早期的大气圈是原始星云留下来的大气,主要成分为氢和氦,但由于类地行星的万有引力比较小,氢和氦容易向外层空间逃逸,在太阳风作用下很快就消失了,因此现在大气圈的形成与地球内部析气关系密切。在地壳形成后的很长时期中,一直有火山活动,喷发的气体数量很大,主要成分是 CO_2 和水汽,水汽在地壳逐渐变冷后,凝成雨水降落在地面形成原始海洋,以 CO_2 为主的气体代表原始大气成分。生物圈在大气圈和水圈形成之后才逐渐开始形成。

任务二　地球的表面特征

一、地球的形状和大小

地球的形状通常就是指固体地球的几何形状,一般是用大地测量方法测得的。由于固体地球表面崎岖不平,为了便于测算,以平均海面的高度为准,把这个高度延伸到大陆所形成的一个理想封闭曲面,称为大地水准面。地球的形状和大小就是指以大地水准面为准的形状和大小。目前,利用人造卫星轨道变化做校正,已经可以相当精确地求得表征地球形状和大小的各种数据(见图1-6)。

精密的经纬度测量和重力测量表明,地球不是一个正球体,而是一个赤道半径长、极半径短的旋转椭球体(见图1-7)。

图1-6　人造卫星拍摄的地球

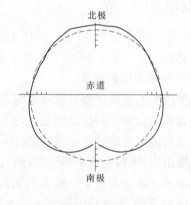

图1-7　地球体剖面图(实线)

地球大小的主要数据如下:

赤道半径　　　　　　　约6 378 km
极半径　　　　　　　　约6 357 km
平均半径　　　　　　　约6 371 km
扁率　　　　　　　　　1/298.257

表面积	5.1×10^8 km^2
体积	1.083×10^{12} km^3

地球的形状与上列数据所勾绘的理想椭球体之间稍有出入,其南、北两半球并不对称,北极略向外凸,南极稍稍向内凹入。尽管如此,因为地球的外部形状是内部状态的反映,所以虽然其偏离很小,却可引申出地球的某些重要特征。首先,地球成为扁球体(旋转椭球体)显然是地球自转离心力造成的结果,它表明地球具有塑性。其次,地球表面与旋转椭球体表面不一致,从而引起质量的增加或减少,这种质量的增亏所产生的应力,显然要求地球内部有比通常更大的机械强度来支持,这表明地球内部物质有某种不均匀性,或者有大范围的对流存在。

二、固体地球表面的一般特征

地球的表面形态高低起伏不平,可以分为陆地和海洋两大部分,陆地面积约占地球表面积的29.2%,海洋面积约占地球表面积的70.8%。它们在地球表面的分布极不均匀,65%的陆地分布在北半球,平均海拔为800 m,最高点为珠穆朗玛峰,海拔为8 844.43 m。海底平均深度为3 900 m,最深处在马里亚纳海沟,深度达11 034 m。地面最大起伏为20 km。

三、陆地的表面形态

按照高程和起伏特征,陆地表面可分为山地、丘陵、平原、高原、盆地、裂谷等地形类型。

(一)山地

地形起伏较大,海拔大于500 m,相对高差小于200 m的地带称为山地。呈线状分布的山地称为山脉,如喜马拉雅山脉、阿尔卑斯山脉等。成因上相联系的若干相邻的山脉叫山系。

(二)丘陵

地形起伏较小,相对高差一般不超过200 m,海拔在500 m以下的低矮浑圆小山丘地区叫丘陵,相对高差多在数十米。丘陵地形特征介于山地和平原之间,我国东南沿海的山地为丘陵。

(三)平原

平原是面积较大的地势平坦或地形略具起伏的地区,其内部相对高差一般不超过数十米,如我国的华北平原、松辽平原、长江中下游平原,印度的恒河平原等。地球上最大的平原是南美洲的亚马孙平原,面积约560万 km^2。

(四)高原

高原是海拔一般在1 000 m以上,表面较为平坦或起伏较小的广阔地区。我国的青藏高原是地球上最高的高原,平均海拔为4 500 m。世界上著名的高原还有蒙古高原、伊朗高原、埃塞俄比亚高原、巴西高原等。

(五)盆地

四周为高原或山地,中间地势低平(平原或丘陵),外形似盆的地形叫盆地,如我国的四川盆地、非洲的刚果盆地等。

(六)裂谷

大陆上的线状低洼谷地,是地壳上被拉张而裂开的地区,此类谷地称为裂谷或大陆裂谷系。裂谷一般发生在隆起或高原地区的顶部,延伸可达数千千米,谷宽30～50 km 或更宽,两壁多为陡峭的断崖,如著名的东非大裂谷。

四、海底的地面形态

海底具有比大陆更广阔、更平坦的平原,也有更险峻、宏伟的山脉和深陷的峡谷。根据海底地形的基本特征,可以把海底分为大陆边缘、海岭、海沟和岛弧、大洋盆地等地形单元。

(一)大陆边缘

大陆边缘是大陆和大洋盆地之间的连接地带,占海底总面积的1/5 左右。大陆边缘包括大陆架、大陆坡和大陆基,但大陆基实际上是大陆坡和大洋盆地的过渡地带。大陆架是大陆边缘的主要地形单元(见图1-8)。

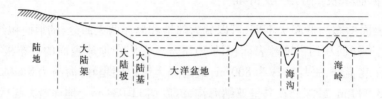

图 1-8   海洋地形剖面图

1. 大陆架

大陆架是紧靠大陆分布的浅水台地,是大陆在水下自然延伸的部分。其表面平坦,坡度不超过1°,水深一般在200 m 以内,平均宽度为75 km。欧亚大陆、北冰洋沿岸的大陆架最发育,宽达500 km 以上,印度洋沿岸的大陆架最不发育。我国东部海域大陆架宽达500 km 左右。

2. 大陆坡

大陆架外缘有一坡度明显变陡的坡度转折线,坡度转折线之下则属大陆坡。大陆坡为大陆架到大陆基的过渡区,坡度较大,一般为4°～7°,最大可达20°,宽度很窄,只有20～40 km,坡脚的深度在1 400～3 000 m。大陆坡在许多地方被通向深海底的"V"形峡谷所切割,有的峡谷可能是被淹没的河谷,但大多数峡谷是由近岸海底含有大量悬浮碎屑物质,其密度较一般海水大的浊流冲蚀而成。

3. 大陆基

大陆坡的坡脚处坡度逐渐变缓,有一个过渡为大洋盆地的地带,这一过渡地带称为大陆基。大陆基由海洋沉积物组成,其表面常有被浊流冲蚀的沟渠。

(二)海岭

一般海底的山脉泛称海岭,其中那些位于大洋中间,经常发生地震,正在活动的海岭则称为洋脊或洋中脊。

洋脊为海底线状隆起地带,为一系列平行的鱼鳍状山脉。其中央部位常有一条巨大的裂谷,称为中央裂谷。太平洋洋脊的高差和中央裂谷均不明显,称为洋隆或洋中隆。洋脊宽可达1 000～2 000 km,高出深海底2 000～4 000 m。每个大洋底都有洋脊,它们互相连接,是地球表面上最大的地形和地质单元。

中央裂谷两壁陡峭,宽数十千米,深可达1 000～2 000 m。中央裂谷在有些地方和大陆裂谷互相连接构成了全球裂谷系统。如在阿尔法地区,东非大裂谷的陆上部分与红海、亚丁海的洋脊呈三叉形交会在一起。在冰岛,大西洋洋脊出露于陆地上成为大陆上的裂谷。

(三)海沟和岛弧

一般把海底的长条形洼地称为海沟或深海沟。

海沟是地球表面最低洼的地区,其深度一般大于 6 km,最深的马里亚纳海沟深度超过 11 km,比邻近的深海底还深几千米。海沟很窄,宽度一般小于 100 km,但延伸可达数千千米以上。

海沟在靠大陆一侧有一条平行的隆起地形,呈弧形排列,弧顶朝向大洋一侧,称为岛弧。岛弧和海沟合称为岛弧–海沟系。岛弧–海沟系是地球表面地震频繁的地带,而且火山活动亦经常出现。

(四)大洋盆地

大洋盆地是海底地形的主体,约占海底面积的一半,一般水深为 4 000~5 000 m。大洋盆地总体来说比较平坦,虽然有些起伏,但并不显著。大洋盆地可分为深海丘陵、深海平原和海山。

深海丘陵是由一些高几十米到几百米的圆形或椭圆形的小山丘组成的,这些小山丘底宽 1~10 km,边坡较陡,顶部平缓,几乎全由玄武岩组成,是由靠近洋脊的海底火山活动所形成的。深海丘陵多分布在靠近洋脊的地方,在太平洋中最发育。

深海丘陵向大陆方向逐渐转为深海平原。后者表面坡度很小,是固体地球表面最平坦的地区。深海平原在大西洋比较发育。

深海底部常会见到规模不大,地势比较突出的孤立高地,这些高地称为海山。相对高度在 1 000 m 以上,呈锥状者,称为海峰,海峰大多由火山岩组成,有的海峰超过珠穆朗玛峰的海拔。

任务三　固体地球的物理性质

地球的物理性质包括密度、压力、重力、地磁、地电、放射性、地热和弹塑性等。

一、密度和压力

(一)密度及其变化

根据万有引力公式计算出固体地球的质量为 5.974×10^{21} t,再用体积除其质量即可求出地球的平均密度为 5.516 g/cm³。但是,根据实际测定的固体地球表面岩石的平均密度为 2.7~2.8 g/cm³,由此推测地球内部物质应具有比地表更大的密度,地震波速度变化计算结果也证实了这一推测。地球的密度是随深度逐渐增加而增大的,但并不均匀,其中尤以 2 900 km 处的变化最大,其余深度处则随深度增加而逐渐增大,直到地心密度达 12.5 g/cm³ 的最大值。密度变化显著的深度处反映出该处地球内部物质成分和存在状态有明显的变化。

(二)压力及其变化

地球内部的压力主要指上覆岩层重量引起的静压力。地球内部的压力可按深度与该深度的地球内部物质的平均密度和平均重力加速度的连乘积求得,单位为 Pa。据计算,地球内部压力的变化基本上是随深度增加而增大的。

二、重力

地球上某处的重力是指该处所受地心引力和地球自转产生的离心力的合力(见图1-9)。

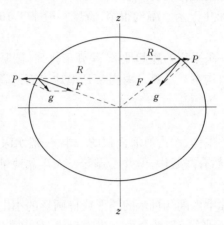

z—z—地球自转轴;g—重力;F—地心引力;
P—离心力;R—纬度圆半径

图1-9　重力与地心引力和离心力的关系示意图

根据万有引力定律,地表某处物体所受的地心引力 F 可用以下公式求得:

$$F = GMm/r^2 \tag{1-1}$$

式中:M 为地球的质量;m 为地表物体的质量;r 为物体与地心的距离;G 为万有引力常数,其值等于 6.67×10^{-13} N · cm²/g。

从式(1-1)可知,地心引力与地表物体的质量成正比,与物体与地心的距离成反比,因此地表的地心引力以赤道最小,两极最大,离心力与地球自转的线速度成正比,故地表以赤道处离心力最大,两极为零。离心力比地心引力小得多,以赤道的离心力来看,也不过只有该处地心引力的1/289,因此可以把垂直于地表的地心引力近似地当作重力。

重力的单位常用重力加速度的单位来表示。由于地心引力随纬度而变化,故地表(以大地水准面为准)重力分布以赤道地区最小,为 978 cm/s²;两极最大,为 983 cm/s²;平均为 980 cm/s²。两极比赤道地区重力增大 0.53%,也就是说把赤道重 1 000 g 的物体拿到两极则重为 1 005.3 g。

若把地球当成一个均质体,按照从赤道至两极的平均变化率,则可从理论上计算出以大地水准面为基准的各地重力值,称为理论值。实际上各地测定的重力值并不同于理论值,这种现象称为重力异常;实测值大于理论值,称正异常;实测值小于理论值,称负异常。

引起重力异常的原因很多,其中最主要的是由地下物质组成不同而引起的。在地下若由密度较大的物质(如铁、铜、锌、铅等金属矿床和基性岩等)组成,地表常显示为正异常;若由密度较小的物质(如石油、煤、盐类等)组成,则地表常显示为负异常。地球物理探矿中的重力勘探法就利用此原理,通过了解重力异常的分布来找矿和查明地下的地质构造。这种方法在浮土和森林覆盖地区是一种有效的勘探手段。

重力除沿地表有变化外,在垂直地表的方向上亦有变化。在地表以上,重力是随海拔增加而减小的,平均每升高 1 km,重力减小 0.32%。在地表以下,重力随深度加深呈不甚规则的变化。地表的重力平均值为 980 cm/s²,向地球深处,开始略有增加,到 2 000 km 处略有降低,然后又增加,到 2 900 km 处达最大值 1 000 cm/s²,再往深处则急速锐减,到地心的重力值为零。这种变化反映了地球内部物质密度变化的情况。

三、地磁

地球类似一个巨大的磁铁,在它周围存在着磁场,这种磁场称为地磁场。地磁场的南北两极和地理的南北两极位置相近但不一致(见图 1-10)。地磁极的位置还随时间变化而不断变化,目前,地磁极与地理极夹角约为 11°。

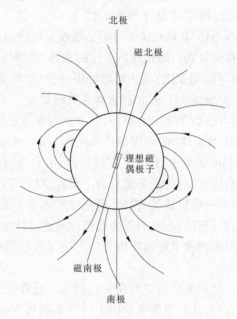

图 1-10　地磁场示意图

由于地磁极和地理极不一致,因此地磁子午线(磁南极和磁北极在地表的连线或磁针在地表某处所指南、北方向的延伸线)与地理子午线(地理南极、北极在地表的连线)之间有一夹角,这个夹角称为磁偏角。以指北针为准,偏在地理子午线东边者叫东偏角,符号为正;偏在地理子午线西边者叫西偏角,符号为负。所以,在实际工作中,用罗盘测定方位时必须校正后才能得到地理方位。

此外,还发现磁针只在地磁赤道地区才保持水平,而在磁极地区则处于直立状态,在两磁极与地磁赤道之间的地区,磁针与水平面之间有不同的夹角。磁针与水平面之间的夹角称为磁倾角,以指北针为准,下倾者为正(北半球),上仰者为负(南半球)。磁针的偏、倾程度实际上反映了地磁场的方向。

地磁场磁感应强度的单位为特斯拉(符号为 T)。地磁场很弱,不同地点和不同时间的地磁场强度变化很小。

地磁场强度是一个矢量,在任何一点上的总地磁场强度 F,均可分解为水平分量 H 和竖向分量 Z,水平分量 H 又可按地理方向分解为北向分量 x 和东向分量 y,加上磁偏角 D 和磁倾角 I,共七个量。无论根据哪三个分量(x、y、Z 或 H、D、I),都可确定该点地磁场强度的大小和方向。所以,把它们称为地磁要素(见图 1-11)。在实际工作中,通常是测定 H、D、I 三个分量,然后计算出其余四个分量。

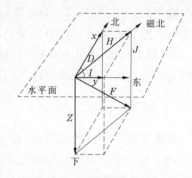

图 1-11　地磁要素示意图

地磁场是随时间变化的,其变化有短期变化和长期变化。短期变化主要是由地球外部原因引起的。例如,太阳辐射、宇宙线、大气电离层等的变化都可引起磁场的短期变化,它包括周期性的年变化与日变化和非周期性的磁扰。变化较大的磁扰称磁暴。长期变化可能是由地球内部物质运动的不一致而引起的。磁场变化最大点正持续向西移动,每年移动速度为 0.18°,大致相当于沿赤道每年向西迁移 20 km,这也可能是磁极变化的原因。

我们把地磁场近似地看成是均匀磁化球体产生的磁场,这种磁场称为正常磁场,如果实际观测的地磁场(消除了短期磁场变化)与正常磁场不一致,则称为磁异常。实测磁场大于正常磁场者为正磁异常,实测磁场小于正常磁场者为负磁异常。大陆磁异常是地壳内部构造不均一而引起的,其长宽可达数千千米。例如,整个亚洲就是正磁异常区。区域异常和局部异常均由地球表层被磁化的岩体、矿体等地质体引起,其中由分布范围较大的磁性岩层(或岩体)和区域构造等引起的磁异常,称为区域磁异常;由分布范围较小的浅处磁性岩体、矿体和构造等因素引起的磁异常,称为局部磁异常。据此,我们可以利用地磁异常勘测地下磁性岩体、矿体和地质构造。一般磁铁矿、镍矿、超基性岩体等为强磁性地质体,常显示为比较强的正磁异常;而金、铜、盐、石油、石灰岩等为弱磁性或逆磁性地质体,一般常显示为负磁异常。利用磁异常勘探有用矿物和了解地质构造的方法叫磁法勘探,它是地球物理勘探的重要方法之一。

地磁场不仅现在存在而且在地质历史时期就已存在。近年来,人们通过研究不同时代岩石中剩余磁性的大小和方向,从而追溯地质历史时期地磁场的特征和变化以及磁极移动的情况。这种剩余磁场是当岩浆冷凝时,或深海沉积物沉积时,其中的铁磁分子,在地磁场的作用下,可顺地磁场方向排列,致使岩浆冷凝形成的岩石或由深海沉积物形成的岩石具有磁性。这些岩石将所获得的磁性保留下来,形成剩余磁场,其磁场方向不再受外界磁场的影响。因此,如果一个地区的岩石在形成后未经高温或剧烈变动,则测量出不同时期岩石中的剩余磁性方向,即可确定出相应地质时期地磁场的方向。目前,研究岩石中的剩余磁性已形成一门专门学科,称为古地磁学。它对解决大规模的构造运动历史、古气候以及探索地球起源等问题都有很重要的意义。

四、地电

人们很早就注意到了地电现象:大雷雨时的放电现象、高层大气电离对地面的感生电场、地内岩体的温差电流、大面积的地磁场感应电流等。这些可形成大地电场和自然电场,其电流密度平均约为 2 A/km²。

固体地球内部的电性主要视地内物质的电导率和磁导率而定,磁导率一般变化不大而电导率变化较大。地壳中的电导率与岩石成分、孔隙度以及充填在孔隙中的水的矿化度等有关。据试验得知,沉积岩的电导率大于结晶岩,孔隙多而充满水的岩石电导率大于孔隙少而无充填水的岩石,等等。另外,电导率还与岩层的层理有关,沿层理方向比垂直层理方向的电导率大。温度对电导率的变化影响更大。熔融岩石比未熔融的同类岩石的电导率大几百至几千倍。一般在地热流大的地带电导率也大。电导率随深度增加而加大,在 60~250 km 深度和 400~1 000 km 深度各有一次较明显的变化,前者是由于物质熔融,后者则由深部岩石相变而引起。

大地电流是地磁场变化产生的,所以地球周围空间都存在着大地电磁场。大地电流的强度和方向均有变化,地电场和地磁场一样,有日变、月变、年变等周期性变化,也有不规则的变化。这些变化的原因和地磁场变化一样,主要是来自地球外部,如太阳辐射、宇宙射线和大气电离层的变化等。地电的干扰也叫电暴,其强度变化大,时间只有几分钟,也有延续几天的,通常和磁暴伴生。

利用大地电磁场的分布及频率的变化,可以研究地球内部高导电层的分布及深度。但因地电场经常受到日变和电暴的影响而发生变化,故必须设固定观察站连续观测。在工作中,必须将外加电场消除,方可获得正常电场(正常的电场强度和电流方向),然后将附近地区测得的电场值与正常值比较,若有偏差,便是地电异常。局部的地电异常反映出可能有矿体或地质构造存在。例如,硫化物矿体可产生自发电流,矿体下部为正电极,上部为负电极,地面电流流向矿体,在矿体附近电位下降,形成负电位中心,电位差可达 700 mV。石墨也产生负电位,而无烟煤则产生正电位,据此则可探明矿体的位置。这种找矿方法称为电法勘探,是地球物理勘探方法之一。

五、放射性

地球内部到处都有放射性元素存在,从而使地球显示出放射性,主要集中在地壳,特别是酸性岩浆岩中。这些放射性元素有铀(^{238}U、^{235}U)、钍(^{232}Th)、钾(^{40}K)等。放射性是放射性元素在不稳定原子的分裂或衰变(由不稳定的原子核衰变为稳定的原子核)过程中,因能量释放而显示出来的一种现象。在衰变过程中,不稳定原子核的部分能量,一般通过发射 α 粒子或 β 粒子以及 γ 射线而释放出来。因此,放射性元素在地球内部数量虽然很少,但它们衰变所产生的热能却是相当巨大的,因而认为它们是地热的主要来源之一。

用一些专门的测量仪器来寻找地壳中局部放射性强度较高的地段,即放射性异常区,找寻放射性元素及与放射性元素有关的矿床,这种找矿方法就是地球物理勘探方法中的放射性勘探。

由于放射性元素的衰变不受外界环境变化的影响,通过测定岩石或矿物中半衰期较长的放射性元素及其衰变产物数量,可计算出岩石或矿物的形成年龄,这种方法称为放射性年代法。目前,利用这种方法还可获得天体物质(如陨石、月球等)的年龄数据,为研究地球和太阳系的起源以及天体演化提供了有用的数据。

六、地热

地球内部具有很高的温度,蕴藏着巨大的热能(如火山喷发、温泉)。根据大陆地表以下地温的来源和分布状况,可把地球内部分为三个温度层。

(一)外热层(变温层)

外热层(变温层)位于固体地球大陆表层,温度主要来自太阳的辐射热能。它随纬度高低、海陆分布、季节及昼夜、植被等的变化而不同,其深度不大。

（二）常温层（恒温层）

常温层（恒温层）位于外热层最下界,温度常年保持不变,为当地年平均温度。一般中纬度地区的常温层深度大于赤道和两极地区,内陆地区的常温层深度又大于海滨地区。

（三）内热层（增温层）

内热层（增温层）位于常温层以下,温度不受太阳辐射热的影响,其热能主要来自地球内部放射性元素衰变,温度随深度增加逐渐增高,我们把深度每增加100 m所增高的温度称为地温梯度（或地热增温率）,以℃表示;把温度每增高1 ℃时所增加的深度称为地温级（或地热增温级）,以米（m）表示。

地球内部的热能总是由地内高温处向地表低温处流动的,除由温泉、岩浆活动等直接被带至地表外,还可通过传导、辐射和对流等方式不断传至地面。地热的这种由高温处向低温处的热能传递,称为地热流或热流。单位时间内通过单位面积的热量,称为热流值。但在大陆或洋底内部不同地区的热流值并不相同,太平洋洋底的热流值高于大西洋洋底和印度洋洋底,各大洋的洋中脊和大陆边缘的热流值最高,而海沟最低;大陆有些山区热流值高于平原区,年轻的山区又高于时代老的山区,火山和温泉地区则最高。

热流较高的地区（如火山、温泉地区等）称为地热异常区。在这些地区内常可用地下热气、热水进行地热发电。此外,地下热水在工农业、医疗、生活用水等方面亦得到广泛的应用。

七、弹塑性

地震波在固体地球中传播说明地球具有弹性。地震波按传播方式可分为体波和面波。体波又可分为横波和纵波两种。横波传播时介质质点振动方向与波的传播方向垂直,简称S波,传播速度较慢,且只能在固体介质中传播;纵波传播时介质质点振动方向与波的传播方向相同,简称P波,传播速度较快,可以通过固体、液体和气体等介质传播。

地震波传播速度与介质的密度和弹性有关。当地震波传播中遇到两种弹性不同的物质分界面时,由于波速变化,横波和纵波便会发生折射和反射,而且部分波还可转化为另一种波继续传播。利用此原理可通过测定人工地震产生的地震波在地下传播速度的变化,探测地下不同物质的分界面,从而了解地下深处的地质构造和寻找有用矿产,并用以研究地球内部的结构,这就是地震勘探法。

固体地球在一定条件下还表现为塑性体,我们在野外看到岩石在长期受力下会发生变形但没有断裂,这就是岩体的塑性表现。

任务四　地球的结构和物质组成

地球的结构是指地球组成物质在空间的分布和彼此之间的关系。地球不是一个均质体,其组成物质的分布呈同心圈层结构,以地表为界,可分为地球的内部圈层和外部圈层。每一圈层都有其自身的物质运动特征和物理、化学性质,对各种地质作用产生不同的影响。

所以,了解它们的特征有助于理解各种地质作用的原理。

一、地球的外部圈层及其主要特征

地球的外部圈层是指包围着固体地球表层的地球组成部分,根据其物理性质和状态不同可分为大气圈、水圈和生物圈。

(一)大气圈

大气圈是由包围在固体地球表面最外部的气体组成的,总质量为 5.136×10^{21} g,大气圈的厚度大于几万千米。由于地心引力作用,大气密度以地表附近最大,随高度增加而迅速减小,最后逐渐过渡为星际气体,因而大气圈没有明显的上界。根据气温的垂直变化,由下到上可将大气圈划分成对流层、平流层、中间层、暖层、散逸层(见图1-12)。与人类和地质作用关系最为密切的是对流层,其次为平流层。

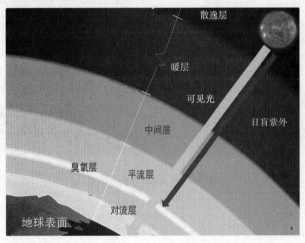

图 1-12　大气圈构造

对流层是大气圈的最低层,其厚度在赤道为 17 km,两极约为 9 km,中纬度区为 10.5 km。由于受地心引力吸引,对流层集中了整个大气圈中大气总质量的 3/4,大气的主要成分是氮和氧(约占 98.5%),此外,还有少量的二氧化碳、水汽和尘埃、烟粒等。氧是生物生命活动的重要条件,也是促进岩石等氧化分解的重要成分;二氧化碳平均含量为0.03%,多分布在大气圈最底部,对地表起着保温作用,同时是促进岩石分解的重要因素之一。水汽主要来自水圈的蒸发,大气对流是对流层中最重要的特征,是产生风、雨、雪、雹等各种气象变化的主要原因。对流层中的各种组成都直接或间接地影响着外动力地质作用的进行,是大气圈中产生地质作用的最重要圈层。

平流层是自对流层顶到 50 km 高空的大气层,它的特点是大气以水平移动为主,其温度不受地面辐射热的影响,随高度增加而升高,可至 0 ℃以上。平流层中存在大量臭氧,能吸收太阳的大量紫外线辐射,能使大气温度增高。由于臭氧能强烈吸收太阳辐射的紫外线,所以成为生物的天然保护层,使生物免受强烈紫外线的伤害。

(二)水圈

水圈由地球表层连续封闭的水体组成。水大部分分布在海洋里,其余的以河流、湖泊、地下水、沼泽及冰川形式存在。其总体积为 $1.38 \times 10^9\ \mathrm{km^3}$,其中海水占总体积的97.2%,大陆水体占总体积的2.8%;在大陆水体中,极地和高山地区的冰体约占其总体积的78.6%。

水圈中的水受太阳辐射热而大量蒸发,形成水蒸气进入大气圈的对流层,海洋产生的水蒸气可随空气对流带至大陆上空,在一定条件下凝结成雨、雪等降落到地面。落到地面的大气降水又可在重力作用下沿地表和地下流回海洋,不断进行着水的循环(见图1-13)。由于水分的不断循环和地形的影响,在大陆上形成了河流、湖泊、地下水、沼泽以及冰川等不同特征的水体。这些水体在运动过程中不断改造地表,塑造出各种地表形态。同时,水圈为生物的生存、演化提供了必不可少的条件。

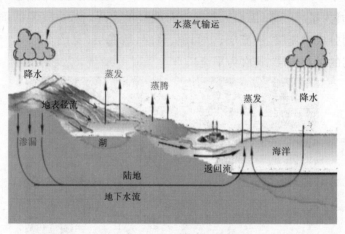

图1-13　水的循环示意图

(三)生物圈

生物圈是地球表层生物(动物、植物和微生物)分布和活动的圈层。从3 km深的地壳深处和深海底至10 km的高空均有生物生存,故生物圈与大气圈、水圈和地壳之间并没有截然的界线。生物在地球上分布虽然很广,但大量生物则集中在地表和水圈中,特别是阳光、空气和水分充足而温度又适宜的地区,这些地区的生物活动能力很强,新陈代谢速度也快,它们对地表的改造也特别显著。生物圈的总质量约为11 480 t。

自从地球上出现生物以来,便通过其生命活动不断直接和间接地改造大气圈与水圈,并使碳、氢、氧、氯以及钾、钠、硅、镁等元素产生复杂的化学循环,从而改变地壳表层的物质成分和结构。生物还直接参与风化、成岩等一系列地质作用。因此,生物对外动力地质作用具有十分重要的意义。由于微生物具有极强的生命力和繁殖能力,因而是生物圈中最富活力的成分,其地质作用不容忽视。

二、地球的内部圈层及其主要特征

根据已有对固体地球内部圈层的直接观察资料,结合大量间接资料,特别是物探资料,可归纳出一个较完善的内部圈层结构。

地球内部有两个最明显、最重要的地震波速度变化的界面,即莫霍洛维奇面(简称莫霍面)和古登堡面,根据这两个界面,可把地球内部分成地壳、地幔和地核三个一级圈层(见

图 1-14)。

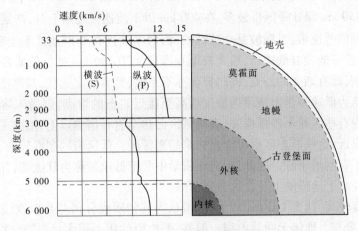

图 1-14　地球的内部圈层构造

莫霍面是地震学家莫霍洛维奇于 1909 年发现的,是地壳与地幔的分界面。它的平均深度在大陆上约为 33 km,在大洋底为 6~7 km。地震波在穿过莫霍面时,波速突然增大,纵波由 6~7 km/s 突增至 8 km/s 左右。

古登堡面是由地球物理学家古登堡于 1914 年提出的。该界面位于 2 900 km 左右的深处,是地幔和地核的分界面。地震波穿过此界面时,波速突然降低,纵波由 13.23 km/s 降至 8.1 km/s,横波降为零,即不能穿过。这表明古登堡面以下地核部分的物质为液态。

除莫霍面和古登堡面外,还有一些次一级的地震界面,它们是进一步划分二级圈层或三级圈层的依据。

地球内部圈层的特征简介如下。

（一）地壳

地壳主要由密度为 2.6~2.9 g/cm³ 的固态物质组成,大陆地壳厚度平均为 33 km,大洋地壳较薄,平均为 6~7 km,地壳平均厚度约为 16 km,大致为地球半径的 1/400。

地壳又可分为上、下两层,上部地壳平均密度为 2.65 g/cm³。该层仅在大陆上才有,而在大洋底基本缺失。大陆地表所见岩石的成分、密度、波速都与以硅、铝为主的花岗岩近似,因此一般又将此层称为花岗岩质层或硅铝层;下部地壳平均密度为 2.9 g/cm³ 左右,此层地壳直接出露于洋底,洋底所见的岩石成分及密度、波速均与由硅、铁、镁、铝组成的玄武岩相当,因此一般又将此层称为玄武岩质层或硅镁层。上、下地壳之间的界面称为康拉德界面。

（二）地幔

地幔的上界为莫霍面,下界为古登堡面,厚度约 2 900 km,体积约占整个地球的 82.3%,质量约占整个地球的 67.8%。根据地震发生的最大震源深度,在 670 km 处将地幔分为上、下两层。

上地幔的密度在 3.3 g/cm³ 以上,平均为 3.5 g/cm³ 左右。顶部地震波纵波波速为 8.0 km/s,与地壳区别明显。根据密度、波速以及地质和陨石等资料,上地幔的物质成分基本上相当于含铁、镁很高的超基性岩,目前一般叫地幔岩。上地幔中地震波速度变化比较复杂,表明其物质状态是多变的。特别要指出的是,地震波在深度 60 ~ 400 km 范围内穿过时波速下降,在 100 ~ 150 km 深处降低得最多,在 400 km 以下波速又逐渐上升,恢复"正常"。这种地震波速度降低的低速带,对横波是全球性的,而对纵波则在个别地区不太明显,如在一些古老地块下部,就可能没有低速带,或者有但在深度大于 400 km 处。低速带的边界不像其他圈层那样清晰,而有渐变的特点,同时界面亦不平整,具有一定起伏,其厚度亦随界面起伏而变化。一般认为低速带是由该带内温度增高至接近岩石的熔点,但尚未熔融的物态引起的。在低速带内有些区域不传播横波,表明该区已热至岩石熔点以上,形成了液态区。由于低速带距地表很近,这些液态区很可能是岩浆的来源区。低速带的塑性较大,为上部固态岩石的活动创造了有利的条件。因此,构造地质学中又把低速带称为软流圈,并把其上由固态岩石组成的地壳和上地幔的上层合称为岩石圈。

　　下地幔密度较高,达 5.1 g/cm³ 以上,一般认为其物质成分仍然是以铁镁的硅酸盐矿物为主,其化学成分与上地幔无明显差别。但是,下地幔的压力很大,同样化学成分的物质在这里会形成另外一些晶体结构更紧密的高密度矿物。因此,可以认为下地幔是成分相当于超基性岩的超高压相矿物组成的岩石。

　　(三)地核

　　地核是古登堡面以下直至地心的部分,占地球总体积的 16.3%,约占地球总质量的 1/3。根据地震波速度变化可将地核分为外核、过渡层和内核。外核厚度 1 742 km,平均密度约 10.5 g/cm³,在该层纵波波速急剧降低,横波不能通过,证明外核是液态物质,呈液态的原因是此处温度超过了岩石的熔点。过渡层厚度只有 515 km,这一层波速变化复杂,且已测到速度不大的横波,可能是由液态开始向固态物质转变的一个圈层。内核半径 1 216 km,平均密度在 12.9 g/cm³ 左右,纵波和横波都能穿过,从地面接收到的横波是由纵波转化而来的,因此肯定了内核是由固态物质组成的。

　　关于地核的成分,最早认为是由铁镍组成的,但是如果地核全部是由铁镍组成的,那么密度和波速还应该再大些。因此,地核中还可能含有少量比重较小的硫、硅等轻元素,尚待进一步研究。

小　结

　　1. 以太阳为中心的天体系统,称为太阳系。太阳系包含八大行星、卫星、小行星、彗星、陨星和星际物质等,八大行星按其与太阳距离的远近,依次为水星、金星、地球、火星、木星、土星、天王星、海王星。

　　2. 地球形成至今已有 46 亿年的历史,精密的经纬度测量和重力测量表明,地球不是一个正球体,而是一个赤道半径长、极半径短的旋转椭球体。

　　3. 按照高程和起伏特征,陆地表面可分为山地、丘陵、平原、高原、盆地、裂谷等地形类型。

　　4. 根据海底地形的基本特征,可以把海底分为大陆边缘、海岭、海沟和岛弧、大洋盆地等地形单元。

　　5. 地球的物理性质包括密度、压力、重力、地磁、地电、放射性、地热和弹塑性等。

　　6. 地球的组成物质的分布呈同心圈层结构,以地表为界,可分为内部圈层和外部圈层。

地球的外部圈层包括大气圈、水圈和生物圈。地球内部有两个最明显、最重要的地震波速度变化的界面,即莫霍洛维奇面和古登堡面,把地球内部分成地壳、地幔和地核三个圈层。

思考题

1. 地球表面形态主要有哪些?
2. 地球的内、外部圈层如何划分?
3. 地球有哪些主要物理性质? 研究它们有何实际意义?
4. 什么是重力和重力异常? 重力在地球内部的变化有何规律性?
5. 怎样知道地热的存在? 地热的来源有哪些?
6. 地磁要素有哪些? 什么是地磁异常?

项目二　地壳的特征

　　本项目主要介绍地壳的特征,要求了解地壳的化学成分,掌握组成地壳的矿物、岩石、地质构造等方面的知识。

【导入】

　　地壳和上地幔的顶部组成地球的固体部分岩石圈,这是地质学的主要研究对象。地壳的基本组成物质是化学元素,各种化学元素组成矿物,矿物又组合形成岩石。

【正文】

任务一　地壳的化学组成

　　地壳的基本组成物质是化学元素,研究地壳的化学成分及其空间分布和变化规律,是地质学的重要任务之一。18 世纪末,美国地质调查所的克拉克在各地采集了具有代表性的岩石样品进行了化学分析,以此为基础计算出地壳上层(厚 16 km)50 余种元素的平均质量百分数,提出了第一张地壳元素分布(亦称丰度)表。其后经过五次修改、补充,在 1924 年与华盛顿共同发表了地壳元素分布的资料。为纪念克拉克,国际上把各种元素在地壳中的质量百分数,称为克拉克值。地壳中各种主要元素的克拉克值见表 2-1。

表 2-1　地壳中各种主要元素的克拉克值

元素		克拉克值(%)	元素		克拉克值(%)
氧	O	46.30	钠	Na	2.36
硅	Si	28.15	钾	K	2.09
铝	Al	8.23	镁	Mg	2.33
铁	Fe	5.63	钛	Ti	0.57
钙	Ca	4.15	氢	H	0.15

　　注:引自刘英俊等,1984。

　　从表 2-1 中可见,各种元素在地壳中的质量百分数是极不均匀的,仅 O、Si、Al、Fe、Ca、K、Na、Mg、Ti、H 等 10 种元素占地壳总质量的 99% 以上,其余几十种元素的质量总和还不足地壳总质量的 1%。但是,元素的克拉克值并不能反映它们在地壳内的局部富集情况,有些元素的克拉克值虽较高,但并不易成矿,如锆的克拉克值比铅大 12 倍,钛的克拉克值比锌大

120 倍,但它们却较分散,不宜富集成矿;有些元素的克拉克值虽然低,但却比较容易富集成矿,如铅、锌等。元素的相对富集是与元素的化学性质、状态和地质作用密切相关的。

■ 任务二　矿物的识别

一、矿物的概念

矿物是地质作用形成的单质或化合物,是岩石的基本组成单元。矿物具有一定的化学成分和物理性质,由一种元素组成的单质矿物较少,如自然金(Au)、自然铜(Cu)、金刚石(C)等;由两种或两种以上的元素按一定比例组成的化合物在自然界中分布较多,如岩盐($NaCl$)、方解石($CaCO_3$)、石膏($CaSO_4 \cdot 2H_2O$)等。绝大多数矿物是固体,也有少数呈液体状态,如自然汞。固体矿物按其内部构造可分为结晶质矿物和非晶质矿物。结晶质矿物不仅具有一定的化学成分,而且组成矿物的质点(原子或离子)按一定方式做规则排列,具有一定的结晶构造和一定的几何外形,称为晶体。非晶质矿物是指组成矿物的质点不做规则排列,如蛋白石($SiO_2 \cdot nH_2O$)。自然界中绝大多数矿物是结晶质,非晶质矿物随时间增长可自发转变为结晶质矿物。

自然界中至今已发现的矿物有 3 000 多种,常见的有 200 多种。我们把组成岩石并在地壳中大量出现的矿物称为造岩矿物,以硅酸盐类矿物为主。有的矿物形成有用的矿产,是矿石中的有用组分,称为造矿矿物,具有很大的经济价值。

二、矿物的肉眼鉴定特征

(一)矿物的形态

矿物的形态是识别矿物的重要依据之一。矿物常具一定的几何外形,如岩盐是立方体,磁铁矿是八面体,石榴子石是菱形十二面体(见图 2-1)。

图 2-1　矿物的外形

矿物的形态分单体形态和集合体形态,具体如下。

1. 矿物的单体形态

(1)一向延伸。呈柱状、针状、纤维状,如石英、电气石(见图 2-2)等。

(2)二向延展。呈片状、板状、鳞片状,如云母(见图 2-2)、石膏等。

(3)三向等长。呈粒状或等轴状,如石榴子石(见图 2-2)等。

2. 矿物的集合体形态

矿物的集合体形态主要有粒状(图 2-2 橄榄石)、片状和鳞片状、纤维状、放射状(图 2-2 辉锑矿)、结核状、钟乳状、土状、晶簇状(图 2-2 石英晶簇)等。

电气石　　　　　　云母　　　　　　石榴子石

橄榄石　　　　　　辉锑矿　　　　　　石英晶簇

图 2-2　矿物的形态

(二)矿物的颜色和条痕

1. 颜色

矿物对可见光的选择性吸收产生颜色。矿物有不同的颜色,可作为鉴定矿物的主要依据,也可以作为矿物命名的依据,如黄铜矿(金黄色)、赤铁矿(红色)、孔雀石(翠绿色)等。矿物的颜色按其成因可以分为自色、他色和假色。自色是由其化学成分和结晶结构所决定的,是矿物的固有颜色,如橄榄石$(Mg,Fe)_2SiO_4$呈绿色,是由其成分中的 Fe 决定的。他色是矿物因含有机械混入物的外来杂质而呈现的颜色,如红刚玉(Al_2O_3)的红色是因为含有微量元素 Cr。假色是由矿物表面在光的干涉作用等情况下产生的颜色,如斑铜矿表面的锖色。

2. 条痕

矿物粉末的颜色称为矿物的条痕。条痕一般是指矿物在白色无釉的瓷板上划出的线条颜色,如赤铁矿块体表面可呈现为红色、钢灰色等色,但条痕是樱桃红色。矿物的条痕比矿物表面颜色更固定,因而更具有鉴定意义。

(三)矿物的透明度

矿物的透明度是指矿物透过可见光波的能力。在矿物鉴定工作中,通常将透明度分为透明、半透明和不透明三级:

(1)透明矿物。透过矿物能清晰地看到后面的物体,如水晶。

(2)半透明矿物。透过矿物能模糊地看到后面物体的轮廓,如闪锌矿。

(3)不透明矿物。不透光的矿物,如磁铁矿。

(四)矿物的光泽

矿物新鲜面反射光线的能力称为光泽,通常可分为以下几种:

(1)金属光泽。矿物表面反光最强,如同光亮的金属表面,如方铅矿、自然金等。

(2)半金属光泽。矿物表面反光较强,比金属的光弱,像没有磨光的铁器,如黑钨矿、磁铁矿等。

（3）金刚光泽。矿物反光较强，像金刚石那样闪亮耀眼，如金刚石、锡石等。

（4）玻璃光泽。反光较弱，像玻璃表面的光泽，如石英、萤石等。

其他特殊光泽还有珍珠光泽（云母）、丝绢光泽（石棉）、油脂光泽（石英断口）、土状光泽（铝土矿）等。矿物的光泽是鉴定矿物的重要标志之一。

（五）矿物的硬度

矿物表面抵抗外来刻划的能力称为硬度，通常是指矿物相对软硬的程度。鉴定矿物的硬度时，可以把待测矿物与某些标准矿物的硬度进行比较，互相刻划加以确定。通常用的标准矿物叫摩氏硬度计，其硬度大小的顺序是：滑石、石膏、方解石、萤石、磷灰石、正长石、石英、黄玉、刚玉、金刚石。

在野外常用指甲（硬度2.5）、小刀（硬度约5.5）及玻璃片（硬度约6.5）来粗测矿物硬度。

矿物表面常因受到风化而降低硬度，因此在测试硬度时应在矿物单体的新鲜面上进行。矿物的硬度是鉴定矿物的重要物理参数之一。

（六）矿物的解理与断口

矿物受力后沿一定方向规则裂开的性质称为解理。裂开的光滑平面称为解理面。如菱面体的方解石被打碎后仍然呈菱面体。一些单体矿物受力后沿任意方向破裂，破裂面呈不规则形状，这种破裂面称为断口。解理与断口是互为消长的关系，即解理发育者，断口不发育；相反，解理不发育，断口发育。

解理按其解理面的完好程度通常分为以下等级：

（1）极完全解理。解理面完好，极平坦光滑，矿物可裂成薄片，如云母。

（2）完全解理。解理面完好，平坦光滑，矿物可裂成厚板块，如方解石。

（3）中等解理。解理面不太光滑，不连续，如辉石。

（4）不完全解理。很难发现解理面，破裂面上见不平坦断口，如磷灰石。

晶体的破裂面完全为断口者，称为无解理，如石榴子石。

矿物中具同一方向的解理面为一组解理，如云母只有一组解理，方解石有三组解理。解理的方向性如图2-3所示。

常见的断口有贝壳状断口（如石英）、参差状断口（如黄铁矿）、锯齿状断口（如自然铜）等。解理是晶体固有的特征之一，是鉴定矿物的重要标志，断口除特殊情况外，一般来说，对鉴定矿物意义不大。

（七）其他性质

矿物的比重、磁性、电学性质、放射性、延展性、脆性、弹性和挠性等，对鉴定某些矿物也是非常重要的，这里不做详细介绍。

三、常见矿物

矿物按化学成分可分为自然元素、硫化物、氧化物及氢氧化物、卤化物、含氧盐五大类。其中，以含氧盐中的硅酸盐及氧化物中的石英最多，约占矿物总量的91%。下面对主要常见矿物进行简要描述。

（一）自然金 Au

通常呈分散粒状或不规则树枝状，偶尔呈较大的块体。金黄色，条痕为金黄色，金属光

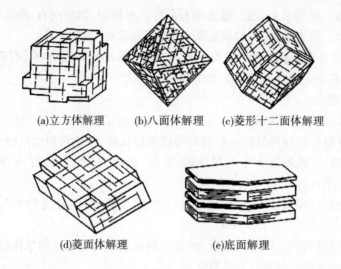

(a)立方体解理　　　(b)八面体解理　　　(c)菱形十二面体解理

(d)菱面体解理　　　　　　　(e)底面解理

图 2-3　解理的方向性

泽,无解理,硬度 2~3,纯金相对密度 19.3。具强延展性,可以铸成金箔。断口锯齿状,熔点 1 062 ℃,具有高度的传热和导电性能。化学性质稳定,不溶于酸,能溶于王水。

（二）自然硫 S

通常呈致密块状、粉末状、被膜状、钟乳状等集合体。带有各种色调的黄色,也有呈蜜黄色或棕黄色,条痕白色至浅黄色,晶面呈金刚光泽,断口油脂光泽,透明至半透明。解理不完全,硬度 1~2,性极脆。相对密度 2.05~2.08,燃点低(270 ℃),摩擦带负电。

（三）金刚石 C

常见单形有八面体和菱形十二面体及它们的聚形。晶面、晶棱常弯曲,晶形常呈浑圆状,晶面上常有三角形、四边形等蚀像。成分较纯的金刚石为无色透明,但微量元素的混入使金刚石呈不同颜色,金刚光泽,断口油脂光泽。金刚石解理中等,硬度 10,性脆。相对密度 3.51~3.52。

（四）石墨 C

完好晶体少见,通常为鳞片状、块状或土状集合体。铁黑色至钢灰色,条痕为光亮的黑色,半金属光泽,不透明,一组极完全解理,硬度 1~2,相对密度 2.21~2.26。薄片具挠性,有滑感,易污手,是电的良导体。

（五）方铅矿 PbS

通常呈粒状或致密块状集合体,晶面常弯曲。铅灰色,条痕灰黑色,金属光泽,不透明,立方体解理完全,硬度 2~3,性脆。相对密度 7.4~7.6。

（六）闪锌矿 ZnS

通常呈粒状或致密块状集合体。颜色、条痕、光泽和透明度随着含铁量的变化而变化,含铁量由少到多,颜色由浅黄色、棕褐色至黑色;条痕由白色至褐色;光泽由树脂光泽到半金属光泽;透明到半透明,解理完全。硬度 3.5~4,相对密度 3.9~4.1。

（七）黄铜矿 $CuFeS_2$

通常呈致密块状或分散粒状集合体,铜黄色,表面常呈暗黄、蓝、紫褐等斑状锈色,条痕绿黑色,金属光泽,不透明,硬度 3~4,性脆。相对密度 4.1~4.3。

（八）黄铁矿 FeS_2

常见完好晶形，呈立方体、五角十二面体，集合体常呈致密块状、分散粒状及结核状等。浅铜黄色，表面带有黄褐的锖色，条痕为绿黑色，强金属光泽。不透明，无解理，断口参差状。硬度 $6\sim6.5$，性脆，相对密度 $4.9\sim5.2$。

（九）赤铁矿 Fe_2O_3

常为块状、鲕状、豆状、肾状及粉末状等集合体。钢灰色至铁灰色，常带浅蓝锖色，隐晶质或粉末状呈褐红色至暗红色。条痕为樱红色，金属光泽至半金属光泽，或土状光泽。硬度 $5.5\sim6$，性脆，无解理，相对密度 $5.0\sim5.3$，无磁性。

（十）石英 SiO_2

常发育完好，晶形发育成晶簇，或形成粒状、块状集合体。颜色通常为无色、乳白色或灰色，由于含杂质不同可形成各种色调的变种。玻璃光泽，断口油脂光泽，无解理，贝壳状断口，硬度 7，相时密度 2.65，具压电性。

（十一）磁铁矿 Fe_3O_4

常呈粒状和致密块状集合体。铁黑色，条痕为黑色，半金属光泽至金属光泽。不透明，无解理，有时可见裂开。硬度 $5.5\sim6$，性脆，相对密度 $4.9\sim5.2$，具强磁性。

（十二）萤石 CaF_2

萤石通常呈晶体或解理块，集合体粒状或致密块状。萤石的颜色是多种多样的，最常见的为绿色、紫色、蓝色、黄色，还有无色、白色、玫瑰色、褐色。透明至半透明，玻璃光泽，解理完全，硬度 4，相对密度 3.18，性脆，具荧光性。

（十三）岩盐 $NaCl$

常呈立方体，有些晶体呈漏斗状。集合体呈块状、粒状或疏松状盐华。无色透明者少，当含有杂质时可呈各种颜色，如灰色（泥质）、黄色（氢氧化铁）、红色（氧化铁）和黑褐色（有机质）。玻璃光泽，解理完全，硬度 2，性脆，相对密度 2.16。

（十四）橄榄石 $(Mg,Fe)_2[SiO_4]$

晶体常呈短柱状或厚板状，但少见，通常呈粒状集合体出现。橄榄绿色或黄绿色，随含 Fe^{2+} 量的增加颜色加深成带褐的绿色。玻璃光泽，透明，解理不完全，贝壳状断口，硬度 $6.5\sim7$，性脆，相对密度 $3.2\sim4.4$。

（十五）石榴子石 $A_3B_2[SiO_4]_3$

石榴子石的化学成分通式为 $A_3B_2[SiO_4]_3$，其中 A 代表二价阳离子，主要有 Ca^{2+}、Mg^{2+}、Fe^{2+} 和 Mn^{2+}，B 代表三价阳离子，常见的是 Al^{3+}、Fe^{3+} 和 Cr^{3+}。晶体常见等轴状（见图 2-2）。集合体呈粒状或致密块状。颜色、相对密度、折光率随成分做有规律变化。透明至半透明，玻璃光泽，断口油脂光泽，无解理，硬度 $6.5\sim7.5$。

（十六）绿柱石 $Be_3Al_2[Si_6O_{18}]$

晶体呈柱状，常呈不同色调的绿色，也有无色透明的。玻璃光泽，透明至半透明。解理不完全。硬度 $7.5\sim8$，相对密度 $2.65\sim2.8$。

（十七）普通辉石 $Ca(Mg,Fe,Al)_2[(Si,Al)_2O_6]$

晶体呈短柱状，集合体呈粒状或块状。绿黑色或黑色，少数为褐色。玻璃光泽，解理完全，解理夹角 $87°$。硬度 $5.5\sim6$，相对密度 $3.23\sim3.52$。

（十八）普通角闪石 $Ca_2Na(Mg,Fe)_4(Al,Fe^{2+})[(Si,Al)_4O_{11}]_2(OH)_2$

由于类质同象置换关系复杂，其组成成分不很固定。常呈完好的柱状晶体。集合体常呈细柱状或纤维状。颜色从浅绿色到深绿色。玻璃光泽，解理完全，解理夹角为124°或56°，有时可见裂开。硬度5~6，相对密度3.1~3.45，含Fe越高，相对密度越大。

（十九）蛇纹石 $Mg_6[Si_4O_{10}](OH)_8$

一般为叶片状、鳞片状，通常呈致密块状。深绿、黑绿、黄绿等各种色调的绿色，如蛇皮。铁的带入使颜色加深，密度增大。油脂或蜡状光泽，纤维状者呈丝绢光泽。硬度2.5~3.5，相对密度2.2~3.6。除纤维状外，解理完全。

（二十）高岭石 $Al_4[Si_4O_{10}](OH)_8$

多为隐晶质致密块状或土状集合体。纯者为白色，但常因含杂质而染成浅黄、浅褐等色调。致密块体呈蜡状或土状光泽，解理极完全，断口平坦状，硬度2~3，相对密度2.60~2.63。干燥时吸收性（粘舌），易被手捏成粉末。湿态具可塑性，但不膨胀。

（二十一）滑石 $Mg_3[Si_4O_{10}](OH)_2$

晶体少见，通常呈致密块状、片状集合体。无色透明或白色，含杂质时可呈浅黄、浅绿或浅红等色。玻璃光泽，解理面上呈珍珠光泽，解理极完全，致密块状者呈贝壳状断口，硬度1，相对密度2.58~2.83。具滑感。

（二十二）黑云母 $K(Mg,Fe)_3[AlSi_3O_{10}](OH)_2$

通常呈片状或鳞片状集合体。一般为绿黑色、深褐色至黑色。玻璃光泽，解理面显珍珠光泽，一组解理极完全。薄片具有弹性，硬度2.5~3，相对密度2.7~3.3。

（二十三）白云母 $KAl_2[AlSi_3O_{10}](OH)_2$

集合体呈片状、鳞片状。薄片无色透明或因含杂质而呈淡灰、浅绿等色。玻璃光泽，解理面上呈珍珠光泽，纲云母显丝绢光泽。解理极完全，薄片具有弹性，硬度2~3，相对密度2.76~3.0。

（二十四）正长石 $K[AlSi_3O_8]$

集合体呈块状和粒状。常呈肉红色、褐黄色或浅黄色，有时也呈带浅黄的灰白色，玻璃光泽，两组解理完全，交角90°，硬度6，相对密度2.57。

（二十五）斜长石

斜长石是由钠长石（Ab）和钙长石（An）组成的类质同象系列，即$Na[AlSi_3O_8]$—$Ca[Al_2Si_2O_8]$。斜长石的完好晶体少见，通常呈块状，在岩石中为不规则粒状。一般为无色、白色、灰色，浅绿色、浅黄色及肉红色不常见。玻璃光泽，透明。两组解理完全。硬度6~6.5，相对密度2.61~2.76。

（二十六）石膏 $Ca[SO_4] \cdot 2H_2O$

晶体常呈板状，少数呈柱状。集合体常呈块状、粒状、纤维状或晶簇状。通常呈白色或无色，无色透明的晶体称为透石膏。有时因含杂质而染成灰色、浅黄色、浅褐色。玻璃光泽，解理面显珍珠光泽。解理极完全，硬度2，相对密度2.3。

（二十七）方解石 $Ca[CO_3]$

通常呈单晶体，集合体常呈晶簇状、块状、片状、结核状、钟乳状、鲕状、葡萄状等。通常为白色，有时被Fe、Mn、Cu等元素染成浅黄色、浅红色、紫色、褐色、黑色。玻璃光泽，无色透明的方解石称为冰洲石。解理完全，硬度3，相对密度2.715。遇冷稀盐酸剧烈起泡。

(二十八)白云石 $CaMg[CO_3]_2$

晶体常呈菱面体状,晶面常弯曲成马鞍状,集合体常呈粒状或致密块状。无色、白色或灰色,含铁者为黄褐色至褐色,含锰者显浅红色。玻璃光泽,解理完全,解理面常弯曲。硬度 3.5~4,性脆,相对密度2.85。遇冷稀盐酸缓慢起泡。

任务三 岩石的识别

一、岩石的概念

岩石是经地质作用天然形成的,是由一种或多种矿物及其他组分(天然玻璃、生物遗骸)组成的集合体。有的岩石是由一种矿物组成的单矿岩,如纯洁的大理岩由方解石组成。而多数是由两种以上的矿物组成的复矿岩,如花岗岩由长石、石英等组成。

二、岩石的分类

自然界岩石种类繁多,根据其成因可分为岩浆岩(火成岩)、沉积岩和变质岩三大类。

(一)岩浆岩

岩浆岩也叫火成岩,是由岩浆沿着地壳薄弱带侵入地壳或喷出地表,冷凝形成的岩石。岩浆喷出地表后冷凝形成的岩石称为喷出岩,岩浆在地表以下冷凝形成的岩石称为侵入岩,在较深处形成的侵入岩称为深成岩,在较浅处形成的侵入岩称为浅成岩。

1. 岩浆岩的矿物成分与颜色

组成岩浆岩的矿物种类很多,但最主要的矿物有石英、正长石、斜长石、角闪石、辉石和橄榄石等,这些矿物称为主要造岩矿物。前三种矿物中 SiO_2、Al_2O_3 含量高,颜色浅,称为浅色矿物,后三种矿物中 FeO、MgO 含量高,硅、铝含量少,颜色深,称为暗色矿物。

2. 岩浆岩的结构和构造

岩石的结构是指组成岩石的矿物所表现的特征,以及矿物之间相互关系所反映的各种特征。岩石的构造是指矿物集合体之间的排列、充填等外貌特征。

常见的结构有显晶质结构、隐晶质结构、玻璃质结构、等粒结构、不等粒结构、斑状及似斑状结构等。

常见的构造有块状构造、气孔和杏仁构造、流纹构造等。

结构和构造的特征反映了岩浆岩的生成环境。因此,它既是岩浆岩分类和鉴定的重要标志,也是研究岩浆作用方式的依据之一。

3. 常见的岩浆岩

花岗岩:肉红色、浅灰色、灰白色等,主要由石英、正长石和斜长石组成,黑云母、角闪石等为次要矿物。石英含量大于20%,中粗粒等粒结构、块状构造(见图2-4)。

闪长岩:浅灰色、灰绿色等。组成矿物以角闪石和斜长石为主,正长石、黑云母、辉石为次要矿物,很少或没有石英。中粗粒等粒结构、块状构造。

辉长岩:灰黑色、暗绿色。组成矿物以斜长石和辉石为主,有少量的普通角闪石和橄榄石。中粒等粒结构、块状构造(见图2-4)。

橄榄岩:暗绿色或黑色。组成矿物以橄榄石、辉石为主,其次为角闪石等,很少长石或无

长石。中粒等粒结构、块状构造。

图2-4　常见的几种岩石

安山岩：深灰色、紫色或绿色。主要矿物成分为斜长石、角闪石，无石英或极少石英。一般为斑状结构，有时具气孔和杏仁构造。

玄武岩：黑色、灰绿色、灰黑色。主要矿物成分为基性斜长石、辉石，其次为橄榄石等。具隐晶质、细晶质或斑状结构。常具气孔和杏仁构造。

（二）沉积岩

沉积岩是在地表或接近地表的条件下，由母岩（岩浆岩、变质岩和早已形成的沉积岩）风化剥蚀的产物经搬运、沉积和硬结而成的岩石。

沉积岩有明显的成层构造，一般含有化石。常见的沉积岩仅由少数几种造岩矿物或岩屑组成，成分非常复杂的由多种矿物或岩屑组成的沉积岩很少。

1. 沉积岩的物质成分与颜色

组成沉积岩的物质成分中常见有矿物、岩屑、化学沉淀物、有机质及胶结物。

沉积岩的颜色取决于沉积岩的颗粒成分和胶结物成分，同时取决于沉积岩的沉积环境。暗色矿物和岩屑含量多的沉积岩颜色深；反之，浅色矿物含量多的沉积岩颜色浅。铁质胶结的沉积岩呈红色或褐色，而钙质与硅质胶结的沉积岩呈白色、灰色。地质工作中常常用沉积岩的颜色作为研究沉积环境的标志之一。需要注意的是，沉积岩在地表条件下遭受风化后颜色要发生变化，所以应该观察岩石的新鲜面。

2. 沉积岩的结构与构造

沉积岩的结构可分为碎屑结构、泥质结构、结晶结构和生物结构。

沉积岩的构造有层理构造和层面构造，它不仅反映了沉积岩的形成环境，而且是沉积岩区别于岩浆岩和某些变质岩的特有构造。

按形态可将层理构造分为平行层理构造、斜层理构造和波状层理构造三种类型。层面构造有波痕、泥裂等。

　　3.常见的沉积岩

　　砾岩:由直径大于 2 mm 的碎屑和胶结物组成。岩石中 2 mm 以上的碎屑含量大于50%,碎屑为球形或似球形,成分一般为坚硬而化学性质稳定的岩石或矿物,如脉石英、石英岩等。胶结物成分有硅质、钙质、铁质、泥质等。依其成因有河成砾岩、海成砾岩等,如果胶结物中砾石超过50%具棱角,称角砾岩(见图2-4)。

　　砂岩:由直径为 0.06～2 mm 的碎屑和胶结物组成,此种大小的碎屑含量要大于50%,碎屑成分以石英、长石为主,还有白云母、暗色矿物以及岩屑等,胶结物有钙质、硅质、铁质和泥质(见图2-4)。

　　泥岩与页岩:泥质结构,由粒径小于 0.004 mm 的各种黏土矿物如高岭石、水云母等组成,也可掺入少量其他碎屑和各种化学沉积物。层理较厚、致密者称为泥岩;固结很好、具页理构造者称为页岩,有炭质页岩、钙质页岩、铁质页岩等。

　　石灰岩:矿物成分主要是方解石。一般为白色或灰色,若含杂质较多可呈深色。有致密状、结晶粒状、鲕粒状、生物碎屑等结构。性脆,遇稀盐酸发生化学反应产生气泡。

　　白云岩:矿物成分主要为白云石。一般为白色或灰色,主要是结晶粒状结构,遇稀盐酸微弱起泡,粉末上滴镁试剂显蓝色。

　　(三)变质岩

　　变质岩是已存在的各种岩石,由于物理、化学条件发生变化在固态状态下形成的新岩石。如大理岩是由石灰岩变质而成的。变质岩的物质成分既有原岩成分,也可有变质过程中新产生的成分,因此变质岩的成分比较复杂。

　　1.变质岩的结构、构造

　　常见的结构有变晶结构、变余结构,原岩经过变质作用以后,其中矿物颗粒在排列方式上大多具定向性。变质岩的构造是识别变质岩的重要标志。常见的变质岩构造有板状构造、千枚状构造、片状构造、片麻状构造、块状构造等。

　　2.常见的变质岩

　　板岩:具板状构造,变余结构,有时具变晶结构。均匀而致密。矿物颗粒很小,肉眼难以识别。由绢云母、石英细粒、绿泥石和黏土组成。由粉砂岩、黏土岩等变质而成。灰色至黑色。为变质程度最浅的一种变质岩。打击时有清脆之声,可与页岩区别。

　　千枚岩:大多为浅红色、灰色、暗绿色。具千枚状构造。矿物颗粒很小,为隐晶质变晶结构。主要由绢云母、绿泥石、角闪石组成。由黏土岩、粉砂岩、凝灰岩变质而成(见图2-4)。

　　片岩:片状构造、变晶结构。主要由片状、柱状矿物(云母、绿泥石、角闪石)和粒状矿物(石英、长石、石榴子石,其中长石含量一般小于25%～30%)组成(见图2-4)。

　　片麻岩:片麻状构造。晶粒较粗,粒状变晶结构。矿物成分主要有长石、石英、云母、角闪石、辉石等,长石含量大于30%。由砂岩、花岗岩变质形成。

　　大理岩:一般为白色,因含杂质可呈灰色、绿色、黄色等。粒状变晶结构或变余结构。主要由方解石、白云石组成。块状构造。由碳酸盐岩变质而成。

　　石英岩:主要矿物为石英,也可含少量的长石、白云母。变晶结构,块状构造,致密坚硬。由石英砂岩或硅质岩变质而成。

■ 任务四　地质构造的认识

组成地壳的岩层或岩体受力而发生变位、变形留下的形迹称为地质构造。实践证明,地壳中矿产的分布、地下水的类型和活动、破坏性地震的发生都与地质构造密切相关。因此,从事地质、水利等相关工作必须具备相关的知识。

一、岩层的产状

岩层的产状是指岩层在空间的延伸方位及倾斜程度,用走向、倾向和倾角来确定岩层的空间位置,这三者称为岩层的产状要素。确定岩层的产出状况是研究地质构造的基础。

原始沉积物,特别是海洋中的沉积物大多是水平或近于水平的层状堆积物,按沉积顺序先后,先沉积的在下面,后沉积的覆盖在上面,一层层地叠置起来,经过压实、胶结成坚硬的层状岩石,称为岩层。每个岩层具有相互平行的两个层面,即顶面和底面。

走向——岩层的层面与水平面交线的延伸方向,其交线叫走向线(见图 2-5)。走向表示岩层在空间的水平延伸方向。岩层走向有两个方向,彼此相差 180°。

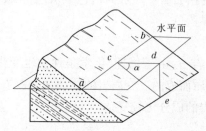

ab—走向线;cd—倾向;ce—倾斜线;α—倾角

图 2-5　岩层的产状要素示意图

倾向——垂直于走向线,沿岩层面倾斜方向所引的直线叫岩层的倾斜线,又叫真倾斜线。它的水平投影线所指的方向就是岩层的倾向(见图 2-5)。

倾角——岩层层面与水平面之间所夹的平面角,即真倾斜线与其在水平面上投影之间所夹的角(见图 2-5)。

产状要素用地质罗盘来测量,走向和倾向用方位角表示。常用的记录格式为:倾向∠倾角,如 150°∠30°,150°表示倾向(东南方向),30°表示倾角。走向与倾向垂直,走向有两个方向,用倾向加、减 90°即为走向。

二、地质构造类型

按照岩层产状的变化,地质构造的基本类型有水平构造、倾斜构造、褶皱构造和断裂构造等。

(一)水平构造

岩层产状近于水平的构造称为水平构造(见图 2-6)。绝对水平的岩层是没有的。水平构造出现在构造运动影响较轻微的地区或大范围内均匀抬升或下降的地区,岩层未发生明显的变形。水平构造中较新的岩层总是位于较老的岩层之上。当岩层受切割时,老岩层出露在河谷低洼区,较新的岩层出露在较高的地方。

图 2-6　水平构造

(二)倾斜构造

岩层层面与水平面之间有一定夹角时称为倾斜构造(见图 2-7)。

图 2-7　倾斜构造

倾斜构造常常是褶曲的一翼或断层的一盘,也可以是大区域内的不均匀抬升或下降所形成的。

岩层形成以后,经受构造运动产生变位、变形,改变了原始沉积时的状态,但仍然保持顶面在上,底面在下,层序是下老上新,称为正常层序。当岩层受到强烈变位,使岩层倾角近于90°时,称为直立岩层。当岩层顶面在下,底面在上时,岩层发生了倒转,层序是下新上老,称为倒转层序。

岩层的正常与倒转主要依据化石确定,也可以根据岩层层面特征以及沉积岩岩性和构造特征来判断确定。根据沉积岩层层面上的泥裂、波痕等特征可以确定岩层的正常与倒转。

(三)褶皱构造

褶皱是岩层受力变形产生的一系列连续的弯曲。褶皱形态多种多样,规模有大有小。小的在手标本中可见,大的宽达几十千米。

1. 褶皱的基本类型

背斜和向斜见图 2-8(a)。背斜是岩层向上弯曲,形成中心部分为较老岩层,两侧岩层依次变新;向斜是岩层向下弯曲,中心部分是较新岩层,两侧部分岩层依次变老。

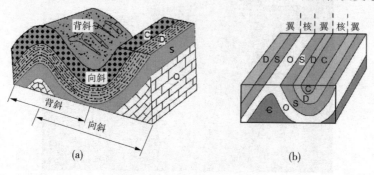

图 2-8   褶皱的基本类型

背斜和向斜遭受风化剥蚀之后,地表可见到不同时代的地层出露。在平面上认识背斜和向斜,是根据岩层的新老关系做有规律的分布确定的。若中间为老地层,两侧依次对称出现较新地层,则为背斜构造;若中间为新地层,两侧依次对称出现较老地层,则为向斜构造[见图 2-8(b)]。

2. 褶皱要素

为了对各式各样的褶皱进行描述和研究,认识和区别不同形状、不同特征的褶皱构造,需要统一规定褶皱各部分的名称。组成褶皱各个部分的单元叫褶皱要素。

褶皱要素有以下几种:

核——褶皱的中心部分,如图 2-8 中的奥陶系地层。

翼——褶皱核部两侧对称出露的岩层,如图 2-8 中的志留系地层和泥盆系地层。

轴面——平分褶皱的一个假想面,这个面可以是一个平面,也可以是一个曲面,见图 2-9 中的 abcd 面。

枢纽——轴面与岩层面的交线,即图 2-9 上的 ef 线。

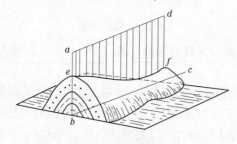

图 2-9   褶皱要素

3. 褶皱的主要类型

褶皱的几何形态很多,其分类也不同,按照轴面的产状可分为直立褶皱、倾斜褶皱、倒转褶皱、平卧褶皱(见图 2-10)。按枢纽的产状可分为水平褶皱、倾伏褶皱。如果枢纽向两端很快倾伏或扬起,形成长宽之比小于 3:1 的背斜和向斜,分别叫穹窿和构造盆地。穹窿的岩层向四周倾斜,常是储藏油气的良好构造。

(a)直立褶皱　　(b)倾斜褶皱　　(c)倒转褶皱　　(d)平卧褶皱

图 2-10　褶皱的形态类型

(四)断裂构造

岩体、岩层受力后发生变形,当所受的力超过岩石本身强度时,岩石的连续完整性就会破坏,形成断裂构造。断裂构造包括节理和断层。

1. 节理

节理是指岩层、岩体中的一种破裂,破裂面两侧的岩块没有发生显著的位移(见图 2-11)。

节理是野外常见的构造现象,一般成群出现。凡是在同一时期同样成因条件下形成的彼此平行或近于平行的节理归入一组,称为节理组。节理的长度不一,有的节理仅几厘米长,有的达几米甚至几十米长;节理的间距也不一样。节理面有平整的,也有粗糙弯曲的;其产状可以是直立、倾斜或水平的。在剪切力下形成的,叫剪节理;由张力形成的,叫张节理。

图 2-11　节理

节理的研究在找矿、找水及工程地质上都十分重要,它常常是地下水的良好通道,也是矿液运移和沉积的重要场所。在野外常见到节理被各种矿物质充填或被岩浆侵入形成岩脉或岩墙。

2. 断层

岩层或岩体受力破裂后,破裂面两侧岩块发生了显著的位移,这种断裂构造叫断层。断层是地壳中广泛发育的地质构造,其种类很多,形态各异,规模大小不一。小的断层在手标本上就可见到,大的断层延伸数百千米甚至上千千米。断层深度也不一致,有的很浅,有的很深。断层主要由构造运动产生,也可以由外动力地质作用(如滑坡、崩塌、岩溶陷落、冰川

等)产生。外动力地质作用产生的断层一般规模较小。

通常根据断层要素的不同特征来描述和研究断层,最基本的断层要素是断层面和断盘(见图2-12)。

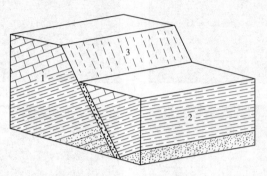

1—下盘;2—上盘;3—断层面

图2-12 断层要素示意图

断层面指断裂两侧的岩块沿之滑动的破裂面。断层面的产状测定和岩层面的产状测定方法一样。断层面上的擦痕,常可以指明断层面两侧岩块的相对滑动方向,断裂带中常有断层角砾岩、糜棱岩等。断层面可以是一个面,也可以是许多破裂面构成的断裂带,由于断裂带中岩石破碎,抗风化剥蚀能力弱,因而常被风化剥蚀成谷地,河谷冲沟沿其发育,也常有地下水沿断层面流出。

断盘指断层面两侧的岩块。断层面如果是倾斜的,位于断层面上面的断盘称为上盘,位于断层面下面的断盘称为下盘,按其运动方向,把相对上升的一盘称为上升盘;相对下降的一盘称为下降盘。上盘可以是上升盘,也可以是下降盘;反之,下盘也可以相对于上盘上升或下降。

断层的主要类型按断层两盘相对位移的方向分为正断层、逆断层和平移断层。

正断层——上盘相对下降,下盘相对上升的断层。断层面倾角较陡,通常在45°以上[见图2-13(a)]。

逆断层——上盘相对上升,下盘相对下降的断层[见图2-13(b)]。

平移断层——两盘沿断层面走向方向相对错动的断层。断层面近于直立,断层线较平直,主要是水平剪切作用形成的[见图2-13(c)]。

地堑——由两条走向大致平行而性质相同的断层组成一个中间断块下降、两边断块相对上升的构造。

地垒——由两条走向大致平行而性质相同的断层组合成一个中间断块上升、两边断块相对下降的构造。

构成地堑、地垒的断层一般为正断层,但也可以是逆断层。

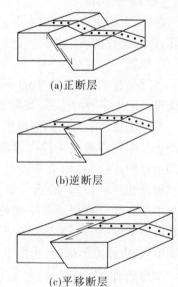

(a)正断层

(b)逆断层

(c)平移断层

图2-13 断层的主要类型

任务五　地质年代的概念

研究地壳的发展、变化，以及岩石、矿产形成和分布的规律，都必须有时间的概念。研究地球的演化历史以及确定地球演化过程中地质事件的年龄与时间顺序，称为地质年代学。

地质学上计算时间的方法有两种：一种是相对地质年代，另一种是绝对年龄(同位素年龄)。

一、相对地质年代的确定

相对地质年代是表示地质事件发生或岩石形成的先后顺序(新老关系)。各个地质历史阶段，既有岩石、矿物和生物的形成与发展，也有它们的被破坏和消失。相对地质年代主要是根据岩层的沉积顺序、生物演化和地质构造关系，所以也可以说主要依据地层学、古生物学和构造地质学方法。

沉积岩的原始沉积总是一层一层叠置起来的，只要把一个地区所有岩层进行系统研究，在岩层顺序正常的情况下，它们存在着下面老、上面新的相对关系，这就是地层层序律。把某一地质年代所形成的岩层称为那个年代的地层。一个地区在地质历史上不可能永远处于沉积状态，常常是一个时期接受沉积，另一个时期遭受剥蚀。在现今保存的地层剖面中常常缺失某些年代的地层，造成地层记录的不完整。为了建立广大区域乃至全球性的地层系统，就需要将各地的地层剖面加以综合研究、对比，归纳出一个大体上统一的地层剖面作为标准。

进行地层划分和对比工作，除利用沉积顺序外，主要根据埋藏在岩石中古代生物的遗体或遗迹——化石。地质历史中各种地质作用不断地进行，使地球表面的自然环境不断地变化，生物为了适应这种变化，不断地改变着自身内外各器官的功能。生物演化的总趋势是由简单到复杂、由低级到高级。各个地质历史时期有不同的生物种属。一般来说，地质年代越老，生物越低级简单；地质年代越新，生物越高级复杂。老地层中保存有简单而低级的化石，新地层中含有复杂而高级的化石。根据地层中化石种属建立地层层序和确定地质年代的方法称为生物层序律。

有些生物种属在地质历史上延续时间短、演化快、分布广、数量多、特征显著，所形成的化石易于寻找、鉴定，这些化石叫标准化石。古生物学方法是确定岩层地质年代和进行地层对比最重要的方法。

地壳运动和岩浆活动的结果，使不同时代的岩层与岩层之间、岩层与岩体之间、岩体与岩体之间出现彼此切割(穿插)关系，利用这种关系也可确定这些地层(或岩层)形成的先后顺序和地质年代，即被切割的岩层比切割的岩层老，这就是切割律，这种方法叫构造地质学法。

利用上述地质学的方法，对全世界地层进行对比研究，综合考虑地层形成顺序、生物演化阶段、构造运动及古地理特征等因素，把地质历史划分为两大阶段。每个大阶段叫宙，由老到新分别命名为元古宙、太古宙、显生宙;宙以下分为代,显生宙分为古生代、中生代和新生代;代以下分为纪,如中生代分为三叠纪、侏罗纪、白垩纪,纪以下分为世,宙、代、纪、世是国际统一规定的名称和年代划分单位。每个地质年代单位相对应的年代地层单位是宇、界、系、统,如显生宙为年代单位,相应的地层单位是显生宇。二者对应关系如下:

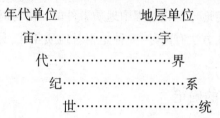

此外,由于化石稀少或化石采集研究不够,不能定出正式地层单位,只好按照岩性特征划分地层单位,称为岩石地层单位。一般限于地方性或区域性的地层。按照级别大小,分别称为:

群:是最大的岩石地层单位,其范围相当于系,也可相当于统,如板溪群。群与群之间有明显不整合。

组:一般是指岩性较均一或两种岩性的规律组合,相当于统的岩石地层单位,如须家河组。

段:是小于组的岩石地层单位,主要按岩性划分"岩性段",如石灰岩段。

二、绝对年龄(同位素年龄)的确定

相对年代只能确定岩石、地层的新老关系,不能确定岩石或岩层形成的具体时间。自然界中某些物质的蜕变现象被发现以后,地质学家们就利用放射性同位素的蜕变规律来计算矿物或岩石的年龄,称为同位素年龄或绝对年龄。它主要是通过测定矿物、岩石中放射性同位素及其衰变产物的含量,再经计算得出来的,以年或百万年为单位。这种方法已在地质领域中广泛应用。

放射性同位素很多,大多数蜕变速度很快,即半衰期很短(半衰期是放射性元素的原子蜕变一半所需要的时间),但也有一些放射性元素蜕变很慢,具有以亿年计的半衰期。

每种放射性同位素都有一定的衰变常数,即每年每克母同位素能产生的子产物的克数。它们的蜕变速度不受外界因素(如压力、温度)的影响,因此若能取得岩石或矿物中母同位素(P)及其子产物(D)的数值,又能测出母同位素的衰变常数(λ),即可利用公式求得该岩石或矿物的同位素年龄(t)。常用的方法有铀 – 铅法、钾 – 氩法,铷 – 锶法和碳14法等。

目前所测得的最古老的岩石是南美洲圭亚那地盾的角闪岩,经铷 – 锶法测定为(41.30±1.7)亿年,最古老的化石——蓝绿藻的遗骸为35亿年。

三、地质年代表

把地质年代按早晚顺序排列,并引进同位素年龄,就成为地质年代表。通过长期实践、研究,已建立起比较完整的地质年代表(见表2-2)。

表2-2　地质年代表

宙	代	纪	符号	同位素年龄(百万年)		生物发展的阶段
				开始时间(距今)	持续时间	
显生宙 PH	新生代 Kz	第四纪	Q	1.6	1.6	人类出现
		新近纪	N	23	21.4	动植物都接近现代
		古近纪	E	65	42	哺乳动物迅速繁衍,被子植物繁盛
	中生代 Mz	白垩纪	K	135	70	被子植物大量出现,爬行类后期急剧减少
		侏罗纪	J	205	70	裸子植物繁盛,鸟类出现
		三叠纪	T	250	45	哺乳动物出现,恐龙大量繁衍
	古生代 Pz	二叠纪	P	290	40	松柏类开始发展
		石炭纪	C	355	65	爬行动物出现
		泥盆纪	D	410	55	裸子植物出现,昆虫和两栖动物出现
		志留纪	S	438	28	蕨类植物出现,鱼类出现
		奥陶纪	O	510	72	藻类广泛发育,海生无脊椎动物繁盛
		寒武纪	€	570	60	海生无脊椎动物门类大量增加
元古宙 PT				2 500	1 930	蓝藻和细菌开始繁盛,无脊椎动物出现
太古宙 AR				4 000	1 500	细菌和藻类出现

小　结

　　1.各种元素在地壳中的质量百分数,称为克拉克值。各种元素在地壳中的质量百分数是极不均匀的,仅 O、Si、Al、Fe、Ca、K、Na、Mg、Ti、H 等 10 种元素占地壳总质量的 99% 以上,其余几十种元素的质量总和还不足地壳总质量的 1%。

　　2.矿物是地质作用形成的单质或化合物,具有一定的化学成分和物理性质,是岩石的基本组成单元。

　　3.矿物的肉眼鉴定特征主要有形态、颜色和条痕、透明度、光泽、硬度、解理与断口及其他性质。

　　4.岩石分为岩浆岩、沉积岩、变质岩三大类。岩石鉴定的主要性质有成分、颜色、结构、构造等。

　　5.岩层产状要素有走向、倾向和倾角。地质构造类型主要有水平构造、倾斜构造、褶皱构造和断裂构造。

　　6.地球的演化历史以及确定地球演化过程中地质事件的年龄与时间顺序,称为地质年代。

思考题

　　1.地壳中有哪些主要元素? 它们主要以什么方式存在于地壳中?

　　2.什么是克拉克值?

　　3.矿物主要有哪些肉眼鉴定特征?

　　4.简述岩石的分类。鉴定岩石有哪些特征?

　　5.如何确定岩层的产状? 常见的地质构造有哪些?

　　6.熟记地质年代表。

项目三　地质作用概述

【导入】

　　地球处在不断运动中,它的表面形态、内部结构和物质成分时刻在变化,地震、火山喷发、河流的破坏和搬运、海洋的沉积、冰川的形成等许多自然现象都有力地证明了地质作用无处不在。

【正文】

任务一　地质作用的概念及能量来源

　　地球形成至今,一直处于运动之中,地壳的表面形态、内部结构和物质成分时刻在变化和发展,如地震、火山喷发、岩石和矿产的形成、山脉的上升等。许多自然现象有力地证明了地壳是在不断变化的,这种由自然动力引起地壳(或岩石圈)的物质组成、内部结构和地表形态变化及发展的作用叫地质作用。

　　引起地质作用的能量,有的来源于地球内部,称为内能;有的来源于地球外部,称为外能。内能主要是地球自转产生的旋转能、重力作用产生的重力能、放射性元素蜕变产生的热能,此外还有结晶能和化学能等;外能主要是太阳辐射能、日月引力能、生物能等。

任务二　地质作用分类

　　根据地质作用能量来源的不同,可以将地质作用分为外动力地质作用和内动力地质作用两类(见图3-1)。

一、外动力地质作用

　　主要由地球以外的太阳辐射能和日月引力能所引起,而且主要作用在地壳表层的地质作用,称为外动力地质作用。按其作用方式又可分为以下几种类型。

　　(一)风化作用

　　在地表或接近地表条件下,由于温度、水溶液和生物等因素的作用, 岩石在原地遭受破

$$
\text{地质作用}
\begin{cases}
\text{外动力地质作用}
\begin{cases}
\text{风化作用:物理风化作用、化学风化作用、生物风化作用}\\
\text{剥蚀作用:风的吹蚀作用、河流的侵蚀作用、地下水的潜蚀作用、}\\
\qquad\text{湖泊和海洋的剥蚀作用、冰川的刨蚀作用}\\
\text{搬运作用:风的搬运作用、河流的搬运作用、地下水的搬运作用、}\\
\qquad\text{湖泊和海洋的搬运作用、冰川的搬运作用}\\
\text{沉积作用:风的堆积作用、河流的沉积作用、地下水的沉积作用、}\\
\qquad\text{湖泊和海洋的沉积作用、冰川的沉积作用}\\
\text{成岩作用:压实作用、胶结作用、结晶作用}
\end{cases}\\
\text{内动力地质作用}
\begin{cases}
\text{构造运动:水平运动、垂直运动(升降运动)}\\
\text{地震作用:构造地震、火山地震、陷落地震}\\
\text{岩浆作用:喷出作用(火山作用)、侵入作用}\\
\text{变质作用:碎裂变质作用、接触变质作用、气-液变质作用、区域变质作用}
\end{cases}
\end{cases}
$$

图 3-1　地质作用分类

坏的作用。风化作用按其因素和性质分为物理风化作用、化学风化作用和生物风化作用。

(二)剥蚀作用

剥蚀作用是指各种外动力在运动过程中对地表岩石、矿物产生的破坏并剥离原地的作用。

(三)搬运作用

搬运作用是指风化剥蚀的产物被各种外动力迁移到另外场所的作用。

(四)沉积作用

沉积作用是指当搬运动能减小,搬运介质的物理、化学条件发生变化或者生物作用下,被搬运的物质在适当环境下堆积起来,形成松散沉积物的作用。沉积作用按沉积方式分为机械沉积作用、化学沉积作用和生物沉积作用。

(五)成岩作用

成岩作用是指松散沉积物固结成岩石的作用。

二、内动力地质作用

主要由地球内部的能源引起整个岩石圈的物质成分、内部构造、地表形态发生改变的地质作用,称为内动力地质作用。根据其动力和作用方式又可分为以下四种类型。

(一)构造运动

构造运动是指促使岩石圈发生变形、变位的机械作用。

(二)地震作用

地震作用是指主要由内动力地质作用引起岩石圈的快速颤动。

(三)岩浆作用

岩浆作用是指岩浆的形成、演化直至冷凝固结成岩石的全部作用过程。

(四)变质作用

变质作用是指原有的岩石基本上在固态下发生结构、构造或物质成分的变化形成新岩石的地质过程。

各种动力地质作用在促进地壳物质运动、变化过程中,都包含着建设和破坏两个方面,一方面不断形成新的矿物、岩石、地质构造和地表形态,另一方面又不断破坏原有的矿物、岩石、地质构造和地表形态。由于地质作用的破坏、建设、再破坏、再建设不断反复,地壳不断变化和发展。研究和阐明各种地质作用的规律,是地质学中最基本的内容。

小　结

1. 由自然动力引起地壳(或岩石圈)的物质组成、内部结构和地表形态变化及发展的作用叫地质作用。

2. 引起地质作用的能量来源一是地球内部,称为内能;二是地球外部,称为外能。内能主要是旋转能、重力能、热能、结晶能和化学能等;外能主要是太阳辐射能、日月引力能、生物能等。

3. 根据地质作用能量来源的不同,可以将地质作用分为外动力地质作用和内动力地质作用两类。

思考题

1. 引起地质作用的能量来源有哪些?

2. 地质作用如何分类?

3. 内动力地质作用和外动力地质作用有什么不同?

4. 地质作用对地球表面产生什么影响?

第二篇　外动力地质作用

项目四　风化作用

【导入】

　　在野外我们经常会看到,出露在地表的坚硬岩石遭受风吹、日晒、雨淋,天长日久就会被破坏,变成松散的碎块或发生溶解,并被带到其他的地方,这都是风化作用造成的。

【正文】

　　矿物和岩石通常形成于地表以下的某一地段,一旦露出地表,在新的环境中必然要达到新的平衡,为了适应新的地质环境,岩石的结构、构造、矿物成分将发生显著的变化。这种在地表或接近地表条件下,矿物和岩石由于温度、大气、水溶液及生物等因素的作用发生物理破碎崩解、化学分解和生物分解的过程叫风化作用。

　　风化作用遍及整个地球表面,包括水下也存在风化作用。风化作用主要在大陆的表面进行,水下的风化作用非常微弱,且由于沉积作用的进行,水下风化作用一般很难作为主要的地质作用显示出来。

任务一　风化作用类型

　　岩石在地表发生的物理、化学变化,在不同的条件下,其过程是不同的。岩石可以在原地产生机械破碎而不改变其化学成分,也可以通过化学反应使岩石矿物发生分解并产生新的物质,生物对岩石、矿物可以产生物理破坏和化学分解作用。因此,按照风化作用的性质和方式,风化作用可分为三种类型:物理风化作用、化学风化作用及生物风化作用。

一、物理风化作用

　　物理风化作用是指由温度作用或机械作用引起岩石发生崩解、破坏,但并不改变岩石化学成分的风化过程。引起物理风化的因素多种多样,按照作用的方式不同主要有以下四种。

（一）温度风化（剥离）作用

昼夜温差和季节温差的影响造成岩石发生不均匀的热胀冷缩而使得岩石崩解并层层剥离的作用叫温度风化。岩石是热的不良导体,岩石表层升温快、散热快,岩石内部升温慢、散热慢,导致岩石外部与内部受热膨胀差异,出现差异收缩现象,岩石内外之间产生细小的风化裂隙。在温度变化的长期作用下,岩石开裂、解体,形成一些单个的块体。温度风化在温差大的地区最为强烈,特别是在昼夜温差大、空气干燥、岩石裸露的沙漠中最为盛行。在没有积雪的高山地区,昼夜温差也非常大,温度风化作用也很强烈（见图4-1）。

图4-1　温度变化引起岩石崩解的过程示意图

（二）冰劈作用

冰劈作用又叫寒冻风化或冻结风化,是指昼夜温度在0 ℃上下波动时,渗入岩石裂隙中的水反复结冰和融化,使岩石的孔隙逐步增多、扩大,致使岩石崩解、碎裂的作用（见图4-2）。当温度下降到0 ℃以下时,岩石孔隙和裂隙中的水就会结冰,体积膨胀9.2%,对裂隙周围产生很大的挤压力。在−22 ℃时,每平方千米面积上可产生108 kg的压力,致使裂隙不断扩大,岩石破裂成碎块。在高寒地区和温带冬季,冰劈作用特别突出。

（三）岩石的释荷（或卸载）作用

在地下深处的岩石承受巨大静压力,潜在膨胀力十分惊人。岩石从地下深处变化到地表条件时,上覆岩石被剥去,导致上覆静压力减小而产生向上或向外的膨胀,形成一系列与地表平行的宏观和微观的内部破裂面,形成这种裂隙构造的作用称为岩石的释荷（或卸载）作用（见图4-3）。

图 4-2　冰劈示意图

图 4-3　岩石的释荷(或卸载)作用

(四)盐类的结晶与潮解作用

在降水量小于蒸发量的干旱、半干旱地区,地表和近地表的岩石孔隙中含盐分较多。白天气温高,在烈日烤晒之下,水分不断蒸发,地下水通过毛细作用向上迁移,于是岩石孔隙中盐分的浓度不断增加,当盐分浓度增大至过饱和时,就要结晶,溶液过饱和结晶作用会导致体积的膨胀,从而对周围岩石产生挤压,使原来的裂隙扩大、加深。

在夜晚,气温降低,大气中的水分又以毛细水的形式向下渗透,并沿途溶解一部分盐分,称为潮解。潮解时,溶液又渗透到盐分结晶时产生的新裂隙中,如此反复,岩石的裂隙不断增多、扩大、加深,以致岩石逐渐崩解。

二、化学风化作用

化学风化作用是矿物、岩石在大气、水及水中溶解物质的作用下,发生的破碎、分解和化学成分改变的过程。化学风化作用主要有以下方式。

(一)溶解作用

水溶液对地表岩石矿物主要起着溶解、水化和水解作用。溶解作用是指岩石中的矿物溶解于水的作用。自然界中的水含有一定数量的 O_2、CO_2,以及一些酸、碱物质,因而具有较强的溶解能力,能溶解大多数矿物。矿物的溶解度是由其化学成分及内部结构属性所决定的。常见矿物的溶解度大小顺序为:岩盐、石膏、方解石、橄榄石、辉石、角闪石、滑石、蛇纹石、绿帘石、正长石、黑云母、白云母、石英。如碳酸盐类矿物的溶解作用:

$$CaCO_3 + CO_2 + H_2O \longrightarrow Ca(HCO_3)_2$$
　　　　(方解石)　　　　　　　　　(重碳酸钙)

溶解作用的结果是岩石中易溶物质随水流失，难溶物质残留原地，导致岩石的孔隙增加，坚硬度降低，易于坍塌松散堆积，化学成分也发生变化。

（二）水化作用

水化作用是指矿物与水接触后，水以分子的形式直接参与矿物的晶格中，从而形成含水的新矿物的作用。如硬石膏变成石膏、赤铁矿变成褐铁矿等，其化学反应如下：

$$CaSO_4 + 2H_2O \longrightarrow CaSO_4 \cdot 2H_2O$$
（硬石膏） （石膏）

$$Fe_2O_3 + nH_2O \longrightarrow Fe_2O_3 \cdot nH_2O$$
（赤铁矿） （褐铁矿）

水化作用形成的含水矿物改变了矿物原来的内部结构，其硬度一般低于原来的无水矿物，这就削弱了岩石抵抗风作用的能力。水化作用在某些情形下还会使矿物体积产生膨胀效应，如硬石膏转变为石膏后体积膨胀约59%，从而对周围岩石产生压力，促使岩石破坏。此外，石膏较硬石膏的溶解度要大，而且石膏的硬度较硬石膏为低，因而也加快了它的分解速度。这两种反应都加速了风化作用的进行。

（三）水解作用

弱酸强碱盐或强酸弱碱盐遇水解离成不同电荷的离子，这些离子分别被水的电离产物 H^+ 和 OH^- 取代相应位置，从而使矿物解体形成新矿物的过程。这一过程导致矿物和岩石遭到破坏。难溶的硅酸盐或铝硅酸盐类中的碱金属离子被 H^+ 置换而发生破坏，如正长石的水解反应如下：

$$4K[AlSi_3O_8] + 6H_2O \longrightarrow Al_4[Si_4O_{10}](OH)_8 + 8SiO_2 + 4KOH$$
（正长石） （高岭石）

其中，KOH 和 SiO_2 呈真溶液或胶体溶液状态随水流失，高岭石呈松散物质残留在原地。在高倍的电子显微镜下，残余的正长石被腐蚀并被黏土包裹（见图4-4）。

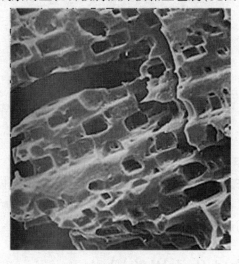

图4-4 正长石水解作用

（四）氧化作用

氧化作用是矿物与大气或水中游离氧发生反应的过程。变价元素在地下缺氧情况下易

形成低价矿物,但在地表条件下则易氧化成高价矿物。常见的氧化反应如黄铁矿被氧化成褐铁矿,其反应式如下:

$$4FeS_2 + 15O_2 + mH_2O \longrightarrow 2Fe_2O_3 \cdot nH_2O + 8H_2SO_4$$
（黄铁矿）　　　　　　　　　（褐铁矿）

黄铁矿被氧化成褐铁矿不仅改变了原来岩石的化学成分,而且降低了岩石硬度,同时反应产生的硫酸对岩石进行腐蚀,更加速了岩石的风化。因此,一般不用含较多黄铁矿的岩石做建筑材料。

一些含铁的金属硫化物矿床经过氧化作用后常显示为疏松的褐铁矿,覆盖在尚未风化的原生矿床之上,形似一顶"帽子",称为铁帽。在地表形成的铁帽是寻找原生矿物的重要标志。

三、生物风化作用

生物风化作用是指生物活动造成岩石的物理或化学的破坏作用。

（一）生物物理风化作用

生物物理风化作用是指生物生命活动过程中导致岩石机械破坏的作用。例如,生长在岩石裂隙中的植物,其根系不断长大,对裂隙壁产生挤压,使岩石裂隙扩大,从而引起岩石破坏,称为根劈作用(见图4-5)。此外,穴居动物破坏作用,如虫蚁、蚯蚓的筑巢翻土等都会造成岩石的破坏。

图4-5　根劈作用

（二）生物化学风化作用

生物化学风化作用主要有两种方式:一种是生物的新陈代谢作用,生物生存要吸取养分,同时分泌酸性物质,从而破坏矿物岩石;另一种是生物遗体腐烂分解的产物,主要是有机酸,引起岩石的溶解,从而破坏岩石。

任务二　影响风化作用的因素

在不同的条件下,风化作用的方式和速度是不同的,其影响因素有很多,主要有以下几个方面。

一、岩石性质

在同样的风化条件下,岩石的性质决定了风化作用的表现形式。

(一)岩石的成分对风化作用的影响

首先,岩石的化学成分不同,其化学活动性不同,主要表现在化合价、离子半径、离子亲和力、化合能力和极化能力等方面,容易被氧化、溶解的岩石出露区,其化学风化较为强烈;岩石的成分不同则岩石具有不同的物理特征,形成不同的结构、构造,造成差异风化。

其次,组成岩石的矿物成分和数量不同,则岩石的抗风化能力不同。不同的矿物有不同的晶体格架,晶体格架的稳定与否在矿物风化作用中有直接反映,常见矿物抵抗风化能力由小到大的次序是:方解石、橄榄石、辉石、角闪石、长石、云母、石英。

最后,不同的矿物成分,其颜色、热导率、膨胀系数也有差异,导致矿物成分单一的岩石的抗风化能力比成分复杂的岩石强。因此,在相同的风化条件下,由于岩石中含有不同的成分层,常表现出不同的风化结果,抗风化能力强的岩石层常凸出地表,而抗风化能力弱的岩石层则常形成洼地。如果抗风化能力不一致的岩石共生在一起,则抗风化能力强的岩石凸出,抗风化能力弱的岩石凹入,造成地貌上的凹凸不平的现象,这一现象称为差异风化(见图4-6)。

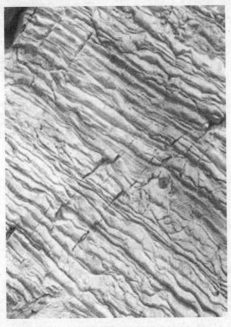

图4-6　含泥质条带状石灰岩的差异风化

(二)岩石的结构、构造对风化作用的影响

岩石的结构包含矿物或碎屑物颗粒的粗细、分选性、均一性及胶结程度等特征。通常情况下,疏松多孔或粗粒的岩石往往比细粒致密坚硬的岩石更容易风化,结晶质岩石又比非晶质岩石容易风化;均质、等粒结构的岩石由于热胀冷缩时矿物体积变化均匀,较难风化,而非均质不等粒结构的岩石由于矿物的体积膨胀不均而较易风化,如花岗岩就比石英砂岩容易

风化;碎屑岩中若为硅质胶结则较难风化,若为钙质、铁质胶结则较易风化。

另外,岩石中的一些原生、次生的构造会影响风化作用的进行。岩石中原生、次生的节理如果发育,形成岩石裂隙,破坏了岩石的连续性和完整性,增加了进行风化作用的表面积,也增强了水和空气在岩石中的活动性,因而岩石中裂隙密集之处往往风化最强烈。有时几组方向的裂隙将岩石分割成多面体的小块。由于棱角部分与外界接触面最大,最易被风化,久之,其棱角逐渐消失,形成球形风化(见图4-7)。

图 4-7   球形风化示意图

二、气候

气候是通过气温、降水量以及生物繁殖状况而表现的,直接影响着当地的风化作用的类型和速度。

干燥寒冷地区,温差较大、降水量少、生物稀少是其主要特征,以物理风化为主,化学风化和生物风化较弱,岩石风化后多成为棱角状碎屑,常含有大量易溶矿物。

潮湿炎热地区:气温高,降水充沛,生物、微生物活跃,化学风化作用和生物风化作用进行得快而充分。如果湿热气候在较长时间内保持稳定,岩石的分解作用便向纵深发展,形成巨厚的风化壳。

不同气候带风化作用进行的程度有较大差别(见图4-8)。

三、地形

地形与风化作用类型和速度有着密切的关系。影响因素包括地势的高度、地势起伏程度以及山坡的朝向等三个方面。

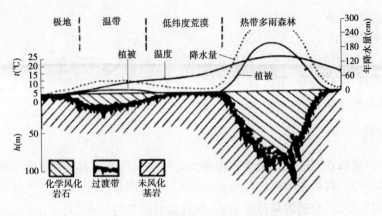

图 4-8　由极地到热带的风化作用变化略图

（一）地势的高度

地势的高度影响气候,使中低纬度高山区的气候具有明显的垂直分带。一般山顶气候寒冷,生物稀少,以物理风化为主;山麓气温适宜,生物活跃,以化学风化作用和生物风化作用为主。

（二）地势起伏程度

地势起伏较大的山区,通常陡坡处地下水位较低、植被少、基岩裸露,物理风化作用十分快速,化学风化作用相对较弱,风化产物也不易保存。缓坡处的化学风化作用和生物风化作用均较陡坡强烈,形成的风化产物多残留原处或只经过极短距离的运移便在低洼处堆积下来,可形成较厚的覆盖层。低山丘陵地区,以化学风化作用和生物风化作用为主,风化速度中等,风化产物较易保存。

（三）山坡的朝向

山坡的朝向与日照强度和温差变化密切相关。一般朝阳坡日照强、温差变化大,风化作用强度远大于背阳坡。

▍ 任务三　风化作用的产物

岩石经过长期的风化作用以后,形成了不同的风化产物。

一、风化作用的产物及特点

岩石遭受风化作用后会形成碎屑物质、溶解物质和难溶物质。

（一）碎屑物质

碎屑物质包括岩石碎屑和矿物碎屑,主要是物理风化作用的产物,也有一部分是岩石在化学风化过程中未完全分解的矿物碎屑（如石英及长石碎屑）。风化形成的碎屑物质一部分残留在原地,覆盖在基岩(未风化的母岩)之上;一部分被搬往别处,成为碎屑沉积物的重要来源。

（二）溶解物质

溶解物质是化学风化作用和生物风化作用的产物,主要包括各种易溶盐类,K^+、Na^+的氢氧化物,常以真溶液形式被水带走,以及 SiO_2 以胶体溶液形式随水流失,它们是化学沉积物的主要来源。

（三）难溶物质

难溶物质是化学风化作用和生物风化作用的产物，主要包括化学性质稳定的 Fe、Al、Si 的化合物，如褐铁矿、高岭石、蛋白石、铝土矿等。岩石中溶解物质被水带走后，难溶物质残留在原地常形成褐铁矿、高岭石矿、铝土矿等矿产。

二、残积物

岩石风化后残留在原地的松散堆积物称为残积物。其成分主要为残留在原地的碎屑物以及新形成的矿物。残积物中碎屑往往大小不均、棱角明显、无分选、无层理。残积物表面较平坦，底界起伏不平，与基岩是过渡关系，具有垂直分带性。例如，在山区的陡坡，风化作用崩落的碎石、泥沙和其他残积物在山脚处构成的锥形堆积物称为倒石堆，其分选性、磨圆度很差，锥顶的堆积物颗粒较小，根部的堆积物颗粒较大。

三、风化壳

在大陆壳表层由风化残积物组成的一个不连续的薄壳，称为风化壳。风化壳的厚度因地而异，一般为数厘米至数十米。其结构具有一定的垂直分带性（见图 4-9）。

风化壳可以根据结构和风化程度大致分为以下四层：

土壤层（Ⅰ）：主要由黏土矿物及腐殖质构成，是经生物风化作用改造的残积物，厚 5 ~ 30 cm。

残积层（碎屑层）（Ⅱ）：由黏土、砂、角砾等碎屑组成，上细下粗，极疏松易碎，大部分矿物已风化。

半风化岩石（Ⅲ）：岩石的结构和构造大致保存，裂隙极发育，用手捏之易碎。

基岩（Ⅳ）：厚层状砂岩，致密块状构造，节理较发育。

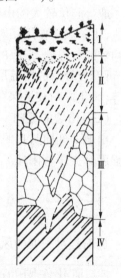

剖面中Ⅰ ~ Ⅲ为风化壳。风化壳内的层间无明显分界面，彼此是逐渐过渡的。在没有明显生物风化作用的地区，不形成土壤层。

风化壳形成后，如果被后来的堆积物覆盖而保存下来，称为古风化壳。不整合面上常有古风化壳存在。如我国华北许多地区中奥陶统地层与石炭系地层之间，发育了厚数厘米到数米的富含 Fe、Al 的古风化壳，表明奥陶纪晚期华北地区发生了

Ⅰ—土壤层；Ⅱ—残积层（碎屑层）；Ⅲ—半风化岩石；Ⅳ—基岩

图 4-9　风化壳剖面示意图

构造运动，使华北地块露出水面，之后是长达 1 亿年的相对稳定的风化、剥蚀期。到中石炭世该地区才下降被海水淹没，上覆了海相沉积层。两者之间具有明显的侵蚀剥蚀面，是识别古风化壳、反映构造运动的重要依据。因此，通过研究古风化壳可以了解构造运动的情况，了解古气候、古地形特点，从而恢复古地理环境，了解一个区域的地质构造发展历史，还可以帮助寻找风化壳型矿产。

四、土壤

土壤是位于地球陆地表面层经生物风化作用改造的残积物，是具有肥力和富含有机质

成分的松散细粒物质。土壤的主要组成有腐殖质、矿物质、水分和空气。土壤的厚度一般为数厘米到数米，最厚可达十余米。由于受岩石、气候、植被、地形和人类活动等因素影响，各地土壤的特征并不相同，有着多种土壤类型。

土壤的产生和发育是众多因素综合作用于岩石的结果。土壤不仅是地质历史、自然条件的记录，也是人类活动的记录。

小　结

1. 风化作用是指地表或接近地表的矿物和岩石由于温度、大气、水溶液及生物等因素的作用发生物理破碎崩解、化学分解和生物分解的过程。

2. 风化作用遍及整个地球表面，但水下的风化作用非常微弱，风化作用主要在大陆的表面进行。

3. 按照风化作用的性质和方式，可分为三种类型：物理风化作用、化学风化作用和生物风化作用。

4. 影响风化作用方式和速度的主要因素有岩石性质、气候、地形等。

5. 岩石遭受风化作用后会形成碎屑物质、溶解物质和难溶物质。

思考题

1. 什么是风化作用？
2. 风化作用的类型有哪些？其作用方式有何区别？
3. 风化作用的影响因素主要有哪些？
4. 风化作用的产物有哪些类型？各有什么特征？

项目五　地面流水

学习目标

　　本项目要求了解地面流水的特点、暂时性流水的类型、河流的地质作用基本方式，掌握暂时性流水、河流的地质作用基本方式及其产物，掌握构造作用对河流的地质作用的影响等方面的知识。

【导入】

　　陆地上，除气候极端寒冷或极端干燥的地区外，几乎到处可以见到地面流水。它是改造地表形态的主要动力，造就了地球表面千姿百态的地貌景观：高山、峡谷、瀑布、平原等。地面流水是大陆表面最主要的外动力地质作用形式。

【正文】

　　地面流水是指沿陆地表面流动的水体，是地球水圈的一部分。地面流水主要来自大气降水，其次是冰川融水和地下水以及外泄的湖水等，包括斜坡面流、洪流及其汇集而成的河流。

　　地面流水的地质作用主要表现为侵蚀作用、搬运作用和沉积作用，通过对山区进行的侵蚀作用，形成深切地貌，使地面不断降低；在平原或低洼的盆地地区则以沉积作用为主，使地面上升，不断夷平陆地表面。

任务一　地面流水的特点

　　地面流水的流动是地面流水地质作用的前提，其作用的强度取决于水流的流量和流速。地面流水的蒸发、大气降水的产生、地面流水的运动在地表构成了水的循环，是产生地面水流的基础。

一、地面流水的种类

　　地面流水主要来自大气降水，其次来自冰雪融水和地下水。根据流水在地面流动的特点，将其分为斜坡面流、洪流和河流三种类型。

（一）斜坡面流

　　在降雨或融雪时，地表水一部分渗入洼下，其余的沿坡面向下流动。这种暂时性面状无槽流水，称为斜坡面流，又称片流、面流。

（二）洪流

斜坡面流顺着坡面向下流动,逐渐集中到低洼处,汇成一股股快速奔腾的线状水流,称为洪流。

（三）河流

斜坡面流和洪流仅出现在降雨或融雪时期,它们都是暂时性流水。面流如果不被完全蒸发,就会在顺坡流动的过程中随机地汇集,成为溪流,并最终汇入河流。也有一部分下渗到地表以下,成为地下水。河流最初由许多溪流汇集而成,这些溪流就称为河流的支流。所有的支流最终汇入水量最大的干流。支流和干流共同组成水系。

二、地面流水的动能及运动方式

（一）地面流水的动能

在自然界,"水往低处流"是一个亘古不变的现象。从物理学角度考证,它在流动的过程中包含了由势能转化为动能的机制,即地面流水在重力作用下,由高处往低处流,最终汇入湖泊、海洋,达到势能最低的相对稳定状态。在流动的进程中,不断地将势能转化成为动能,并形成各种地质作用(侵蚀、搬运、沉积)。地面流水的动能可用下式表达:

$$E = \frac{1}{2}Qv^2 \tag{5-1}$$

式中:E 为动能;Q 为流量;v 为流速。

从式(5-1)中可知,地面流水动能的大小与流量、流速的平方成正比。

流速指河流中水质点在单位时间内移动的距离。它取决于河床纵比降方向上水体重力的分力与河岸和河床对水流的摩擦力之比,并与河流挟带负荷(碎屑物多少)相关。河流中流水的流速分布不同。一般来说,在河床与河岸附近流速最小,主流线部分最大,绝对最大流速出现在水深的 1/10 ~ 3/10 处。

流量指单位时间内通过某一过水断面面积的水量。测出流速和过水断面面积就能计算出流量。水位高低与流量大小成正比。一般来说,河流的流量受气候影响,并随季节发生变化,以及与植被多寡相关。

（二）地面流水的运动方式

流水按照水质点的运动特征可以分为层流、紊流、环流三种基本流态。

(1)层流:水质点沿一定的轨道与邻近的水质点做平行运动,彼此互不混乱,即流动的层与层之间的界线不交错,称为层流(见图5-1)。它出现在坡(片)流或河床平坦的底部,流速慢、动能小,在自然界极少存在。流速稍快,层流即消失了,水质点即变为紊流。

(2)紊流:是一种在水层与水层之间充满了漩涡的多湍流的流体,流体质点的运动轨迹极不规则,并且相互干扰,其流速大小和流动方向随时间而变化,彼此相互掺混,也称湍流。河水的运动方式基本都为紊流(见图5-2)状态。

(3)环流:水质点做螺旋形运动,它在过水横断面上的投影为环状。环流(见图5-3)存在于河湾处,是由流水的惯性离心力的作用而产生的。它是造成河流凹岸侵蚀、凸岸堆积的主要原因。

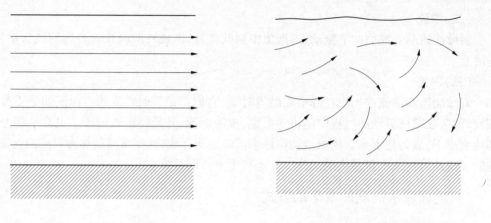

图 5-1　层流示意图　　　　　　　　图 5-2　紊流示意图

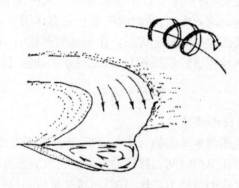

图 5-3　环流示意图

任务二　暂时性流水的地质作用

暂时性流水主要分为斜坡面流和洪流两类,斜坡面流的产物为坡积物,洪流的产物为洪积物,特殊的洪流还会形成泥石流。

一、斜坡面流的地质作用

斜坡面流在流动的过程中对坡面产生均匀剥皮式的破坏作用,称为洗刷作用(见图5-4),可冲走细粒物质,并将这些物质带到斜坡下部,形成堆积。面流的水动力微弱,仅能冲走颗粒较小的粉砂及泥土。可溶性岩石(石灰岩)组成的山坡可以产生溶蚀作用,形成溶沟、石芽地貌。在山坡下部,无数小股细流还具有一定的线状侵蚀能力。坡面在小股流水冲刷作用下,出现无数小沟。山坡上裸露的土壤常受到面流的洗刷,产生大量的土壤流失。

在坡顶(A处),坡度缓,流速小,水量少,洗刷程度弱;在坡的中上部(B处),坡度逐渐变陡,流速加快,水量逐渐增大,洗刷强度增强;在坡的下部(C处)和坡麓(D处),主要接受冲刷下来的松散堆积物。

洗刷作用的强弱与气候条件、坡度、岩石性质、植被发育状况有着极为密切的关系。当降大雨时,在松散土粒组成的光秃斜坡上,洗刷作用表现得最强烈。坡度过缓,流速慢,或者坡度过陡,接受雨水少,动能也小,洗刷程度较弱;在40°左右的山坡片流洗刷程度最强。当

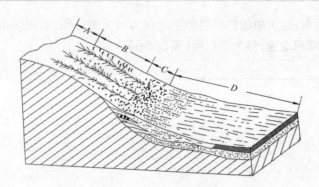

图 5-4 洗刷作用示意图

山坡上有较大的石块散布时,石块之下的松散堆积物被石块保护而免遭面流的洗刷,长时间后,这部分物质所在处的地形可能高出周围,突出成锥柱状,称为土柱。而植被茂盛的山坡几乎不产生洗刷作用。

斜坡面流搬运的碎屑物质会在斜坡下部平缓部位和坡麓堆积形成沉积物,为坡积物。这些坡积物往往为日后的滑坡、泥石流提供了条件。坡积物通常为细砂、粉砂和黏土,其成分与斜坡基岩成分一致,与坡上基岩密切相关;坡积物中碎屑物质颗粒的磨圆度很差,棱角明显,分选性也不好,多呈透镜状、似层状;坡积物在垂向剖面上呈下粗上细,在顺坡向下的方向上则由粗变细。

分布在坡麓地带的坡积物,常构成一种披盖在山麓斜坡的裙状地形,称为坡积裙。

二、洪流的地质作用

洪流猛烈冲刷沟谷内的岩石,这种破坏作用称为冲刷作用。冲刷作用可将凹地沟谷冲刷成两壁陡峭的冲沟,冲沟的源头称为沟头,初始的冲沟随着多次洪流的冲刷,会逐渐加长、加深并发展支沟,长期作用就会形成冲沟系统(见图5-5)。

图 5-5 冲沟系统

洪流的地质作用体现在三个方面:①下蚀,流水及其挟带的砂砾对谷底的侵蚀,其结果使谷底不断下切加深;②旁蚀,对谷地两侧的侵蚀,沟壁发生崩塌,其结果使谷坡后退,谷地展宽;③向源侵蚀,向源头的侵蚀,其结果使沟头向源头后退,谷地伸长,并发展支沟,支沟两侧再生小支沟。这三者是相互联系、同时进行的。

洪流挟带大量泥沙、石块到沟口,由于失去侧壁约束且流道底面坡度减小,水流迅速分散,流速及搬运动能骤减,所搬运的碎屑物迅速在沟口大量停积,形成收束于沟口而向沟外呈扇状散开的扇形堆积地貌,称为洪积扇(见图5-6)。

图5-6　洪积扇示意图

　　洪积扇中的堆积物分选性和磨圆度较差,层理不好。从平面分布上看,扇顶处(沟口)洪积物堆积最多,颗粒最粗;往外数量减少,颗粒变细,在扇底前缘可出现黏土物质。若一系列相邻的洪积扇相互连接,可形成山前平坦地形,称为洪积平原。

　　若是由水充分浸润饱和的大量泥、砂、石块等固体物质沿着冲沟向下流动的洪流突然爆发,历时短暂,来势凶猛,具有强大破坏力,称为泥石流(见图5-7)。泥石流多在饱水多裂隙山体滑坡上形成初始动力,一般在山区形成,具有松散堆积的物质,当降水充沛时产生。

图5-7　泥石流

任务三　河流的地质作用

　　大陆表面具有定向常年流水的线状水流,称为河流。河流是流水由陆地流向湖泊和海洋的通道,也是把沉积物由陆地搬运到海洋和湖泊中的主要营力。在河流的侵蚀、搬运、沉积过程中,大陆的表面形态不断地被改造,如果没有内动力的作用,大陆将很快被夷平。河流具有很大的国民经济意义,不仅提供了生产、生活所需的水源,还是水力发电、渔业、航运等经济活动的场所。

一、河流概述

河流在我国有溪、涧、河、江等称谓。陆地单一的河流很少见,一般是由一主干河流沿途接纳众多支流,构成复杂的干支流网络体系,称为水系(河系)。每条河流和每一水系都有一定的集水面积区域,称为流域。

两条河流和水系集水区的分界称为分水岭,一般由山地和山岭构成。如我国秦岭山脉就是长江与黄河两大水系的分水岭。

每条河流、水系都有自己的河源和河口。河流的发源地称为河源(源头)。河源以上可有冰川、湖泊、沼泽或泉眼等。河流流入湖泊、大海或更大河流的地方称为河口。河口处常形成三角洲。

按照河流的发育阶段,每一较大河流从源头到河口都可分为上游、中游、下游三个发育阶段。各段在河谷地貌和水情方面表现的特征不一。

根据河谷的横剖面形态,可将河谷分为峡谷(V形谷)、U形谷、碟形谷。河谷形态是河流地质作用的综合结果,河流发展的不同阶段,其河谷形态结构不一样。上游河谷窄,呈V字形,坡降大、流速快、水量小,底(下)蚀作用强烈,常形成急流、瀑布;中游河谷宽,呈U形,坡降小、流速中等、流量大,流水的底蚀作用减弱,侧方侵蚀作用加强,多支流、湖泊、曲流;下游河谷宽广、河道汊流、流速小、流量很大,淤积作用显著,到处可见沙洲、沙滩,甚至发育成冲积平原、巨型三角洲。如长江发源于青藏高原的唐古拉山各拉丹冬雪峰,奔流向东,注入东海,干流全长6 300余km,流域面积为1.8×10^6余km^2,年均径流量达1×10^{12} m^3。

根据地貌形态、河道参数:①弯度指数 = 河道长/河谷长,是指河道长度与河谷长度之比,弯度指数越大,弯曲度越大。②游荡性指数 = 2×各河心滩总长/河道长。③河道分汊参数,指在每个平均蛇曲波长中河道沙坝的数目,可以将河流分为平直河、曲流河(蛇曲河)、辫状河和网状河(交织河)四种类型(见图5-8)。

(1)平直河:弯度指数(河道长/河谷长)小,仅出现于大型河流某一河段的较短距离内,或属于小型河流。

(2)曲流河(蛇曲河):单河道,弯度指数大于1.5,河道较稳定,宽深比低,一般小于40,主要分布于河流的中下游地区。

(3)辫状河:多河道,多次分汊和汇聚构成辫状。河道宽而浅,弯度指数小于1.5,宽深比大于40,河道沙坝(心滩)发育。河流坡降大,河道不固定,迁移迅速,亦称游荡性河。多发育在山区或河流上游河段以及冲积扇上。

(4)网状河(交织河):具弯曲的多河道特征,河道窄而深,顺流向下呈网结状。河道沉积物搬运方式以悬浮负载为主,沉积厚度与河道宽度成比例变化。多发育在河流的中下游地区。

二、河流的侵蚀作用

河流在从高处向低处流动的过程中,以其搬运的泥沙不断地对谷底和谷坡进行冲蚀破

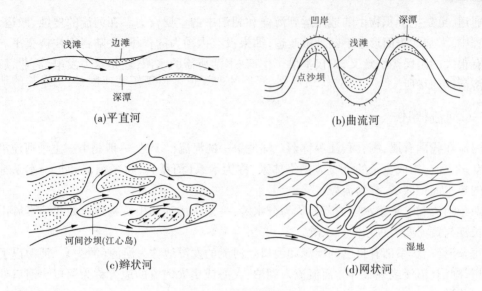

图 5-8　河流类型示意图

坏,称为侵蚀作用。

河流侵蚀作用方式有溶蚀作用、水力作用、磨蚀作用三种。溶蚀作用是河水将易溶矿物和岩石溶解,促使河床破坏的作用,岩石溶解度越大、水温越高、pH 值越小,溶解作用的强度越大;水力作用是河水以机械冲击力破坏河床的作用,在河流的上游,或坡度较大的山区,河水流速较大,流水冲入岩石裂隙产生强大压力,促使河床岩石崩裂,松散沉积物构成的河床地段,其河水冲击力的作用更为明显;磨蚀作用是河水以挟带的泥沙、砾石作为工具磨损河床的作用,水中的砂砾对基岩河床摩擦、冲击,使得河床加深、变宽。

河流长期侵蚀形成的一个线状延伸的凹地,称为河谷。河谷由下列要素构成(见图 5-9):

河床:河谷底部常被水流占据的部分。

谷底:河床两侧平缓部位,河水泛滥时才会被淹没的谷底部分,称为河漫滩。

谷坡:河漫滩两侧向上延伸到顶部的斜坡部分。

坡麓:谷坡与谷底的交接处,谷坡与谷底之间的转折处。

谷缘:谷坡上部转折处。

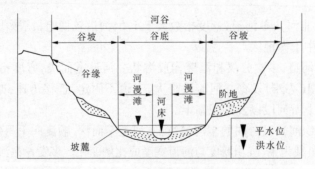

图 5-9　河谷示意图

河流对河谷的侵蚀,按其侵蚀作用的方向可分为底蚀作用和侧蚀作用。

（一）河流的底蚀作用

河流在垂直方向上对河谷底部的冲刷作用,称为底蚀作用(下蚀、下切作用),包括流水往下冲刷,砾、砂撞击河床,涡穴作用对谷底进行侵蚀。在河流的上游或山区河流,河床坡度大(纵比降大),水流湍急,下蚀作用强烈,河谷的加深速度快于拓宽速度,经过漫长的地质作用时期,使得河谷深而窄,谷坡陡立,横剖面呈 V 字形。

河流的下蚀作用不断地向顺向和溯源两个方向加长着河道,同时不断对河床底部进行着改造。河流在底蚀作用过程中,受岩性、构造等条件的影响,谷底变得坎坷不平或呈阶梯状,在河床上形成瀑布、壁龛、急流。

瀑布是一种跌水现象,河床呈阶梯状,上下落差很大,河水凌空泄落。凡是河床上出现陡坎处均可形成瀑布,如熔岩流、山崩、滑坡等引起的堵塞河床处即可形成瀑布,横切河谷的断层崖可形成瀑布,新构造运动形成的悬谷也可形成瀑布。

瀑布形成后,下蚀作用更为强烈,尤其是在瀑布跌落处最盛,往往形成深潭。在深潭处,由于流水高空落下的冲力和水流旋转的淘蚀力,下部软岩层很快被淘空,形成往上游凹进的凹槽;这时上部的硬岩层更加突出,形成壁龛。随着淘蚀作用的继续,上部硬岩层失去支撑而崩落,导致瀑布向上游方向后退,如北美尼亚加拉瀑布,顶部为较硬的巨厚石灰岩,底下为较软的页岩,显然下部侵蚀较快,从而形成瀑布,落差达 50 m(见图5-10)。

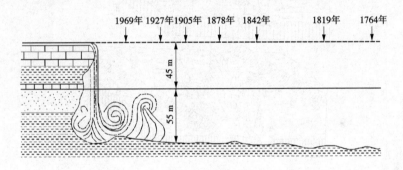

图5-10　尼亚加拉瀑布后退示意图

急流:河床坡降较大,岩性坚硬不平的河段,河水湍急者称为急流。我国虎跳峡峡谷内,江水在 16 km 的水道中落差达 200 m,急流密布。

与瀑布后退一样,河谷因源头后退而向上游推进,这个过程称为河流溯源侵蚀,表现为分水岭迁移现象和河流袭夺现象。

当两侧河流下蚀强度均衡时,分水岭变窄,高度降低,但位置不动。当一侧河流下蚀强度强,一侧河流下蚀强度弱时,下蚀强度强的一侧高度降低快,另一侧高度降低慢;分水岭最高点一边降低高度一边往河流下蚀强度弱的一侧迁移,形成分水岭迁移现象(见图5-11)。

当一条河流的沟头往源头延伸遇到另一条河流时,其中河床低的河流会把河床高的河流上游河水截夺过来,这种现象称为河流袭夺(见图5-12)。袭夺它河的河流称为袭夺河,被袭夺河流称为截头河。

河流的下蚀作用是依靠河水的动能进行的,河水的动能则是由其所具有的势能转换而来的。当河水面趋于某一平面高程而停止流动时,其下蚀作用也随之终止,这一平面即河流的侵蚀基准面。侵蚀基准面是河流侵蚀作用下限的平面,河流下蚀的终止面为海平面,海平

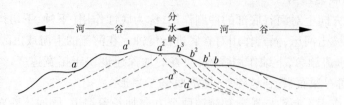

图 5-11　分水岭迁移示意图

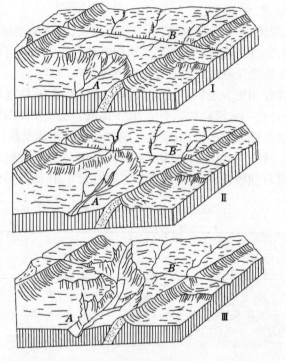

（Ⅰ中河流 *A* 溯源侵蚀；Ⅱ中河流 *B* 被袭夺；Ⅲ中 *A* 河河谷加深、延长）

图 5-12　河流袭夺示意图

面及其在陆地上的延伸面为侵蚀基准面,区域的湖平面为局部侵蚀基准面(见图 5-13)。

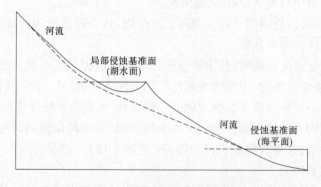

图 5-13　河流侵蚀基准面示意图

　　当河流在长期演化过程中逐渐趋于平衡状态时,河床的纵剖面即从源头到河口沿着中线位置的剖面,将会从起初起伏不平,慢慢演化成微倾向于下游的上陡下缓、整体下凹的平滑曲线,具有这种曲线的河流纵剖面为其平衡剖面(见图5-14)。

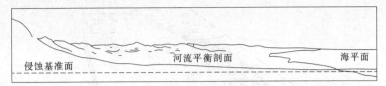

图5-14　河流平衡剖面

(二)河流的侧蚀作用

河流在水平方向上不断地冲蚀河床河岸,使谷坡不断坍塌,这种加宽河谷的侵蚀作用,称为侧蚀作用。

在河流弯道部位,河床中的流水在惯性离心力和地球自转产生的偏转力的双重影响下,表层水体向凹岸集中,抬高了水位,产生了横比降,进而使下层水体往凸岸运动,产生横向环流,流向凹岸(见图5-15)。在横向环流的作用下,久而久之发生了凹岸侵蚀而后退,而凸岸水流减缓,在凸岸河水挟带的泥沙就会沉积,于是河道的弯曲度变大,河床发生蜿蜒迁移,形成曲流河(见图5-16)。

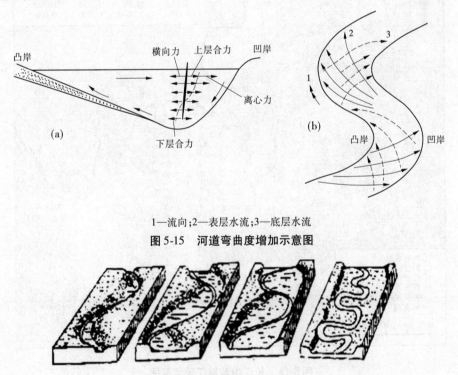

1—流向;2—表层水流;3—底层水流

图5-15　河道弯曲度增加示意图

图5-16　曲流河形成过程示意图

在洪水期,由于河水猛涨,冲击力骤增,洪水突然冲溃两河湾之间的窄小曲颈,从上一个河湾直接流入相邻的下一个河湾,这种现象称为河流的裁弯取直。被切断遗弃的河湾,由于泥沙淤塞封闭,形成牛轭湖(见图5-17)。有的河流在洪水期也可冲溃薄弱河堤,直接流入下一个河湾,虽河道没有取直,但流程却缩短了,这种现象称为河流的裁弯取直。

我国长江中游湖北、湖南交界一带的荆江段(见图5-18),从藕池口至城陵矶之间的直线距离仅为87 km,而曲流河道全长竟达240 km。河道蜿蜒曲折,有"九曲回肠"之称。

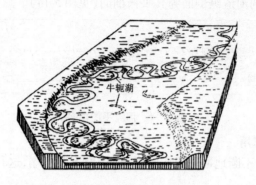

图 5-17 牛轭湖示意图

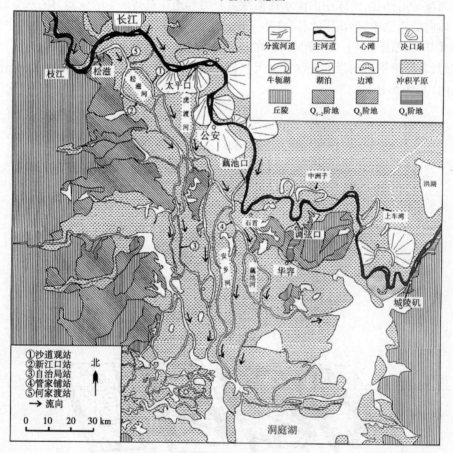

图 5-18 长江中游荆江段示意图

三、河流的搬运作用

河流是陆地上最强壮的"搬运工"。河水将地表风化剥蚀的碎屑物质、河流侵蚀河谷所产生的碎屑以及地下水带来的溶解物质,从上游搬运到下游至湖泊、海洋之中,这一过程称为河流的搬运作用。

（一）河流的搬运方式

河流搬运物质的方式有拖运、悬运、溶运三种。

（1）拖运包括推移和跳跃两种方式,河流中粗颗粒的巨大石块、砾石、粗砂,在河底底部以滑动、滚动或跳跃的方式前进。这些粗碎屑和石块在拖运的过程中,相互撞击、摩擦、破碎,经过长途搬运后,棱角被磨去,这一作用称为磨圆作用。磨圆度越好,一般说明搬运距离越远。著名的南京雨花石的磨圆度很好,就是古长江长距离拖运的结果。

（2）悬运是河流中较细颗粒的粉砂和黏土,由于颗粒细小,多悬浮在水流中,随流前进。当河流悬运物质的数量很多时,河水将变得混浊。如黄河河水中含沙量高达 36.9 kg/m^3,据测定每年输沙量达 1.2×10^9 t,为世界罕见,不但堆积形成了广阔的华北平原,并使下游黄河成为悬河。

河流悬运的物质,受重力和水动力条件的影响,总是向河口方向逐渐沉积的。

（3）溶运是河水将可溶岩石或矿物溶解于水中,以真溶液或胶体溶液的状态进行搬运。呈真溶液搬运的物质主要是 Cl、S、Na、Mg、K 等在化学风化过程中形成的极易被迁移的元素和化合物;呈胶体溶液搬运的物质,主要是难溶的 Al、Fe、Mn、Si 等金属氧化物和氢氧化物。据计算,全球河流每年带入海洋中的溶解物约 3.5×10^9 t。其中,以 Ca、Mg 的碳酸盐类最多,占盐类总量的7%左右,而 K、Na 的氯化物较少。

（二）河流的搬运能力和搬运量

河流水流搬运碎屑物质中最大颗粒的能力称为河流的搬运能力。搬运能力的大小主要取决于流速。水力学试验表明,在平坦的河床上,当水流流速小于 18 cm/s 时,细小的碎屑颗粒也难以搬运。而当水流流速达 70 cm/s 时,直径为数厘米的碎屑颗粒也能移动。

河流水流搬运碎屑物质的数量,称为河流的搬运量,它取决于流速和流量,但更取决于流量。长江在一般水情的流速下,挟带的仅是黏土、粉砂和细砂,但由于流量大,搬运量巨大。相反,一条快速流动的山涧河流坡降大,可挟带巨砾而下,但由于流量小,因此搬运量很小。

四、河流的沉积作用

当河流的流量、流速减小,河水动力减弱时,河流挟带的机械碎屑物质就会沉积下来,称为沉积作用,形成的沉积物称为冲积物。

（一）冲积物的特征

冲积物是由各种粒度的砾石、砂、粉砂和黏土构成的,具有与河流动力性质密切相关的特征。

良好的分选性:碎屑物质按颗粒大小、密度大小依次沉积。大小和密度相似的沉积物聚集在一起,这种作用称为分选作用。分选性越好,粒度越均一。

较高的磨圆度:磨圆度是指颗粒棱角被磨蚀的程度。通过磨圆度可以分析碎屑物被搬运的距离。磨圆度较高的冲积物,通常是经过长距离的搬运。

清晰的层理:冲积物二元结构的界面是最明显的层理。层理也可由矿物成分、粒度、颜色的不同而显现出成层现象,有水平层理、斜层理、交错层理等。

（二）沉积的主要类型

河流沉积物的特点,随着河流位置不同而不同,并反映出不同的流水地貌形态,其主要的沉积类型如下。

1. 河床沉积

在河流的上游或山区河段,由于河床坡降大,河水动能大,一般细粒物质几乎都被冲走,粗粒物质则被留下来成为河床沉积。沉积物以河床砾石为主,成分复杂,砾石呈叠瓦状排列,其倾斜朝向上游,厚度不大,常呈透镜体分布于河床的底部。

2. 边滩与河漫滩

在弯曲型河床内,水流呈单向环流状,将凹岸淘蚀的物质带到下游凸岸堆积,形成的小型沉积体,称为边滩。边滩逐渐扩大加宽、加高就形成河漫滩,在河流上游因谷底狭窄,河漫滩不发育;在河流中下游,河流侧蚀作用发育,谷底变得开阔,可形成宽广的河漫滩。

每当汛期,洪水在滩面上漫溢,流速降低,就会使悬运的泥质和粉砂等较细物质在滩面上沉积下来,这种沉积物称为河漫滩沉积物。河漫滩沉积物均一性较好,并有良好的水平层理。河漫滩冲积层通常位于河床冲积层之上,构成河流冲积物的二元结构特征(见图 5-19)。

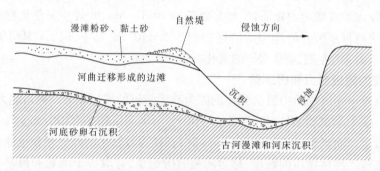

图 5-19　河漫滩的二元结构示意图

由于河床往复摆动,河漫滩发展扩大,相邻河漫滩连成一片,形成了广阔的冲积平原。

3. 心滩与江心洲

当流水进入开阔河段,流速减小,先在河中心发生沉积,而后形成心滩雏形,由于心滩雏形的阻塞,流水断面缩小,两侧水流速度增大,这时主流线偏向两侧,产生双向环流;在双向环流作用下,河流中心沉积加快,进而形成心滩。心滩不断增高,当心滩高出水面时,就形成了江心洲。通常江心洲洲头不断冲刷,洲尾不断淤积,随着两个凹岸侵蚀点的下移,江心洲随之向下游移动。移动中,或几个小江心洲合并成大江心洲;或向岸靠拢与河漫滩相连(见图 5-20)。

4. 三角洲

随着河水进入河口,河床坡降减缓,河道展宽,水流分散,加上海水、湖水的顶托作用,河水流速大减,河水能量耗尽,随水流挟带的大量碎屑物便沉积下来,形成一个顶端向陆、弧形朝海的巨大三角形堆积体,称为三角洲。

三角洲沉积从平面上和剖面上都可分为三个带(见图 5-21)。从平面上看,由陆向海依次出现三角洲平原带、前缘带和前三角洲带沉积的一般规律,即由河口向大海方向,沉积物的粒度具有由较粗粒至较细粒的变化规律。从剖面上看也具有三层结构,离河口较远处沉积的往往是黏土,沉积于平坦的底部,产状水平,称为底积层;沉积于中部并向远岸倾斜产状的沉积物称为前积层;上部沉积是后期冲积叠加在其上的沉积物,产状水平,称为顶积层。

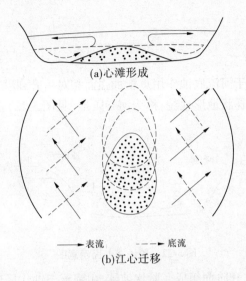

(a)心滩形成

→ 表流　　-- 底流

(b)江心迁移

图 5-20　心滩形成和江心迁移示意图

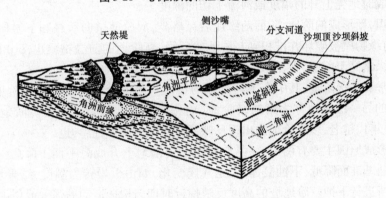

图 5-21　三角洲沉积示意图

■ 任务四　构造运动对河流的影响

　　地壳长期稳定时期,河流及其他外动力地质作用趋于夷平地表起伏,结果形成准平原地形地貌;地壳不会永远稳定,构造运动、岩浆活动等内动力地质作用趋于塑造地表起伏,结果形成新的隆起山地,同时形成深切曲流。

　　河谷阶地的形成是河流侧蚀作用向下蚀作用转化的结果,先期地壳相对稳定,下蚀作用逐渐减弱,侧蚀作用增强,发育较宽的河漫滩,形成宽阔的谷底;后期地壳相对上升,河流纵比降增大,下蚀作用转而活跃,河床下降,河谷深切,原来宽阔的谷底相对升高,最终高于一般洪水期水面,从而在河谷两侧形成洪水不能淹漫的平坦台地,成为河谷谷坡的一部分。

一、河谷阶地

（一）阶地的构成

原生河谷的谷底，由于河流底蚀作用重新加强而相对抬升到洪水位以上，形成分布于河谷两侧、沿谷坡伸展的阶梯状地形地貌，称为河谷阶地（见图5-22）。

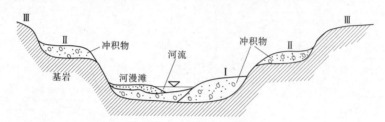

图5-22　阶地横剖面示意图

阶地在形态上由阶坎和阶面组成。阶坎坡陡，由河流下蚀作用形成，其高度大致反映在该级阶地形成时地壳上升的幅度或河流下切的深度。

阶面平坦，新形成的阶地，阶面前缘比后缘略高，故阶面微向后缘和下游倾斜。历经剥蚀，老阶地前缘物质被破坏并堆积到新阶地的后缘，新阶地的前缘物质也部分被破坏，致使新阶地的后缘略高于前缘，则显示阶面向河床和下游倾斜的形态。

河谷中常有多级阶地，其中高于河漫滩的最低一级的阶地称为第一级阶地（简称一级阶地）；向上的另一级阶地称为第二级阶地（简称二级阶地）；以此类推。阶地所处位置越高，说明形成年代越老，多级阶地的出现反映所在区域的间歇性隆升。

阶地的形成原因主要有两个：一是构造运动使陆地上升或海平面下降（冰期），致使河床抬高或侵蚀基准面降低，下蚀复苏；二是气候变化，如由干燥转为潮湿，结果水流量增加，河流得以重新进行下蚀。阶地坡的高度反映挽近时期新构造运动的强度或侵蚀基准面下降的幅度以及气候变迁等变化。

（二）河谷阶地的类型

根据河谷阶地的物质组成和地形特征的不同，可将阶地分为侵蚀阶地、基座阶地、堆积阶地三种类型（见图5-23）。

1.侵蚀阶地

侵蚀阶地斜坡上基岩裸露，阶地面上仅有零星河流冲积物分布，呈现有河流侵蚀的痕迹。这类阶地一般阶地面狭窄，阶地坡较高，多形成在构造抬升的山区河谷中。

2.基座阶地

基座阶地坡下方有基岩暴露，上部由河流冲积物组成。这表明河流下蚀的深度大于原生沉积物厚度，河流已切过冲积物而达至基岩之中，反映后期构造上升较大的特点。

3.堆积阶地

堆积阶地阶地面和阶地坡全是由河流冲积物质组成的，无基岩暴露。这类阶地往往阶地面较宽，阶地坡不高，多分布在河流的中、下游河道的两侧。阶地上的冲积物中常富集有密度大且不易磨损的矿物，如金、铂、金刚石、锡石等形成重要的砂矿床。当多级堆积阶地存在时，又可分为：①内叠阶地——新阶地套在老阶地内侧；②上叠阶地——新阶地冲积物重叠在老阶地冲积物上面。

先形成的阶地被后来的沉积物所覆盖,构成了埋藏阶地。

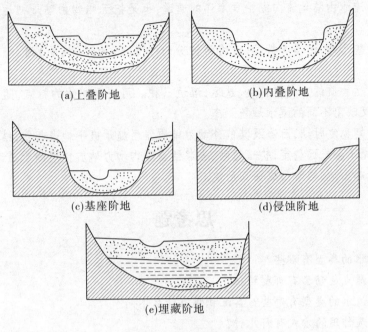

(a)上叠阶地　　　(b)内叠阶地

(c)基座阶地　　　(d)侵蚀阶地

(e)埋藏阶地

图 5-23　阶地类型示意图

二、夷平面

河流幼年期以下蚀作用为主,河流深切,高山深谷(V形谷),类似于现在的上游;壮年期以侧蚀作用为主,河谷加宽,谷坡变缓,分水岭呈浑圆状,类似于现在的中上游;老年期以沉积作用为主,地面平缓,微弱起伏,残存孤山,大部被沉积物覆盖,类似于现在的下游,致使准平原形成。

准平原形成后,由于地壳上升,准平原被抬高,重新遭受流水侵蚀成为山地,但在山顶却仍旧残留着原准平原平坦顶面的遗迹——夷平面。夷平面是构造运动的结果,据其高度可判断地壳上升的幅度,一般夷平面高度越高,其形成年代越老,越老的夷平面越难保留。

三、深切河曲

河流发展到晚年形成蛇曲。然后发生地壳上升运动抬高了河床。河流恢复下蚀作用。河床变深,但平面上仍保持弯曲。这种地貌反映了地壳有过明显的上升运动。

小　结

1.地面流水是指沿陆地表面流动的水体,是地球水圈的一部分,地面流水主要来自大气降水,其次是冰川融水和地下水以及外泄的湖水等。

2.根据流水在地面流动的特点,将其分为斜坡面流、洪流和河流三种类型。

3.流水按照水质点的运动特征可以分为层流、紊流、环流三种基本流态。

4.暂时性的流水主要分为斜坡面流和洪流两类。斜坡面流的产物为坡积物,洪流的产

物为洪积物,特殊的洪流还会形成泥石流。

5.河流是流水由陆地流向湖泊和海洋的通道,也是把沉积物由陆地搬运到海洋和湖泊中的主要营力。

6.根据地貌形态、河道参数,可以将河流分为平直河、曲流(蛇曲)河、辫状河和网状河四种类型。

7.河流搬运物质的方式有拖运、悬运、溶运三种。河流沉积物的特点,随着河流不同位置而不同,并反映出不同的流水地貌形态。

8.地壳长期稳定时期,河流及其他外动力地质作用趋于夷平地表起伏,结果形成准平原地形地貌;地壳不会永远稳定,构造运动、岩浆活动等内动力地质作用趋于塑造地表起伏,结果形成新的隆起山地,同时形成深切曲流。

思考题

1.地面流水的类型有哪些?

2.流水的质点运动具有哪些特征?

3.暂时性流水的类型有哪些? 其沉积物有什么不同?

4.河流地质作用的方式有哪几种?

5.河流地质作用的产物有哪些? 各有什么特征?

6.构造运动是如何影响河流地质作用的?

项目六　地下水

学习目标

　　本项目要求了解地下水的运动条件及地下水的类型,掌握地下水的地质作用方式、地质作用特点等方面的知识。

【导入】

　　地下水是水资源的重要组成部分,它赋存于地下岩石的空隙中,是一种重要的地质外营力。地下水的地质作用特点与地下水的运动密切相关,以溶蚀作用为主的地质作用形成了千姿百态的喀斯特地貌。

【正文】

任务一　地下水的运动

　　地下水是存在于地下松散沉积物和岩石空隙中的水。它是水圈的重要组成部分。地下水分布广泛,是一种重要的地质外营力。

　　地下水的来源主要有大气降水、地面流水、冰雪融水、湖泊水、海水渗透到地下的渗透水。此外,还有水汽进入岩石空隙冷凝而成的凝结水、埋藏水和岩浆分泌出来的原生水等。地下水的地质作用特点与地下水的运动密切相关。

一、地下水的运动条件

　　地下水能在岩石中流动,是因为岩石中具有一定的空隙。空隙包括孔隙(松散沉积物和组成岩石的颗粒之间的空隙)、裂隙(或称节理)和洞穴(可溶性岩石受溶蚀后形成的孔洞)(见图6-1)。

　　地下水的分布、储量及运动均由岩石空隙的数量、大小、形状及连通情况所决定。岩石内空隙所占的比例用空隙度表示,空隙度是岩石(包括松散沉积物)内空隙的体积与包括空隙在内的岩石整体体积之比的百分数。岩石裂隙和洞穴的多少视具体情况而定,而孔隙度则较一定,这和岩石的性质有关。孔隙连通的岩石,地下水可以在岩石中流动;孔隙不连通的岩石和虽有很高的孔隙度然而孔隙过小的黏土和页岩,地下水很难在其中流动。

　　岩石能被水透过的性能称为岩石的透水性。能够透过地下水的岩层称为透水层。透水性最好的是洞穴发育的石灰岩和白云岩,以及孔隙度大的砾石层和砂层。岩石阻挡水通过

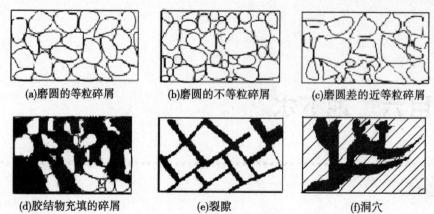

(a)磨圆的等粒碎屑　　　(b)磨圆的不等粒碎屑　　　(c)磨圆差的近等粒碎屑

(d)胶结物充填的碎屑　　　　(e)裂隙　　　　　(f)洞穴

图 6-1　岩石的各种空隙

的性质叫隔水性。具隔水性的岩层称为不透水层或隔水层,如黏土、页岩、裂隙小的岩浆岩和块状变质岩(石英岩、角岩)等。透水层与不透水层在自然界是相对的,当一岩层较其上下岩层的透水性好时,就成为透水层,而其上下岩层就是隔水层。透水层中蓄满地下水的部分叫含水层。

二、地下水的基本类型

根据地下水的运动状态、埋藏条件,分为包气带水、潜水和承压水三种基本类型。

(一)包气带水

地面水渗入地表以下,在重力作用下沿松散沉积物和岩石中的孔隙向下运动,当运动到一定深度被第一个稳定隔水层所阻时,便在不透水层的孔隙中聚集起来,形成地下水的饱和带。此带之上的岩石孔隙未被水所充满,含有大量空气,故称此带为包气带或不饱和带,包气带中的地下水称为包气带水(见图6-2)。包气带所含的非重力地下水以气态水、吸着水、薄膜水和毛细水等状态存在。包气带水处在地表附近,受气候、植物生长、土壤的物理性质等影响较大,不能作为可靠的饮用水源。

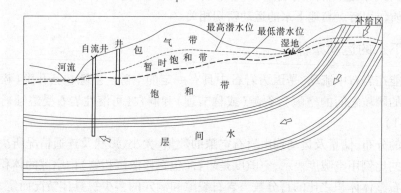

图 6-2　地下水的垂直分带示意图

(二)潜水

地表以下第一个稳定隔水层之上的饱和带水称为潜水。潜水的表面称为潜水面,即地下水面(见图6-2)。

潜水面随地形起伏,不过潜水面的起伏要比地形起伏小。地下水在重力作用下从高处向低处缓慢流动,潜水面到地面的距离称为潜水的埋藏深度,潜水的埋藏深度随着季节变化而升降,雨季补给量大,潜水面上升,埋藏深度变浅,水量丰富;干旱季节则补给少,潜水面下降。因此,在包气带与潜水之间,常形成一个暂时饱和带。

潜水分布广,埋藏浅,便于汲取,是人们生活用水和工农业用水的重要水源。当今人类的活动,如抽取地下水、挖沟改变地表排水系统等,都可能改变潜水面的位置和形状,甚至造成水质污染和地面沉降。

(三)承压水

充满于两个稳定隔水层之间的含水层中的地下水叫层间水,层间水主要由含水层出露地表部分得到补给。层间水由于受上、下两个隔水层的限制,当两个隔水层之间的透水层充满地下水时,其下部的水便承受了上部水的静水压力而具有一定的上涌能力,故称为承压水。承压水在一定条件下可以穿过上面隔水层向上运动,当其涌出地表,则成为自流井(见图6-2)。

承压水水温、水量变化小,水量较丰富,深埋地下,受地表影响极少,水质优良,常形成自流井,所以是非常理想的饮用水资源。

三、泉及其类型

地下水流出地表即形成泉。山区、丘陵区由于构造较发育,地面切割强烈,有利于地下水的出露,尤其是沟谷两侧的坡脚部分以及山前平原地带,所以山区多泉,平原少见。

按不同的标准,泉水的类型主要有以下几种。

(一)根据成因分

(1)接触泉。透水性不同的岩层相接触,地下水沿接触面出露。

(2)侵蚀泉。因侵蚀作用,沟谷切穿含水层而出现的泉。

(3)裂隙泉。地下水沿岩石裂隙流出。

(4)断层泉。因断层作用,隔水层或岩墙阻挡了地下水流,地下水沿断层溢出。

(5)溶洞泉。溶洞中的地下水流出地面。

(二)按泉水的溢出和补给特征分

(1)上升泉。承压水向上涌出地面。

(2)下降泉。地下水受重力影响由高处向低处流出地表。

(三)按泉水温度分

(1)冷泉。泉水的温度低于当地年平均气温。

(2)温泉。泉水的温度高于当地年平均气温。

另外,如果泉水中含有某些有医疗作用的特殊化学成分,则称为矿泉。

■ 任务二 地下水的地质作用

地下水在岩石空隙中流动缓慢、水量分散,因而机械地质作用较弱。但地下水与岩石或矿物颗粒接触时间长、接触面积大,水中常含有酸类物质(有机酸、硫酸、碳酸等)和气体(O_2、CO_2、NO_2等),所以具有较强的化学地质作用,因而地下水的地质作用是以化学作用为主的,其作用方式包括潜蚀、搬运、沉积。

一、地下水的潜蚀作用

地下水的剥蚀作用发生在地面以下,故称为潜蚀作用。潜蚀作用按作用方式分为机械潜蚀和化学潜蚀(溶蚀)两种方式,其中以化学溶蚀作用为主。

(一)机械潜蚀作用

地下水对岩石的冲刷破坏作用称为机械潜蚀作用。地下水的流动一般十分缓慢,它的机械冲刷破坏的能力非常微弱,它仅能冲走松散沉积物中颗粒细小的粉砂和黏土,使岩石的结构变得松散,空隙变大,甚至引起地面陷落和滑坡。在岩石大洞穴或大裂隙中的地下水,可以有较大的流量和流速,动力较大,才有较强的机械潜蚀能力,作用过程与河流相似。

(二)化学溶蚀作用

地下水溶解岩石产生的化学破坏作用,称为化学溶蚀作用。地下水的温度、压力较高,而且常溶有一定数量的 CO_2 和各种有机酸,相比常温、常压下的纯水有较强的溶蚀能力,特别是运行于如石灰岩、白云岩、石膏等可溶性岩石中,溶蚀力更强。所以,地下水是改造可溶性岩石分布区强有力的地质营力。

在可溶性的碳酸盐类岩石广泛分布区,地下水在岩石的空隙中流动,不断溶解周围的岩石,并将溶解物带走,其化学反应式如下:

$$CaCO_3 + CO_2 + H_2O \longrightarrow Ca(HCO_3)_2$$

地下水的溶蚀作用使岩石形成各种形状和大小的洞穴、廊道,怪石林立,洼地遍布。这种可溶性岩石在地下水和地表水的共同作用下,发育演化的过程以及形成的各种地质现象称为岩溶或喀斯特。

岩溶发育于气候湿热与可溶性岩石分布的地区。我国的岩溶地貌主要分布在贵州、广西等西南各省(自治区),如桂林山水(见图6-3)、云南石林、四川九寨沟、贵州黄果树瀑布等著名岩溶地貌。北方部分地区也发育有不同特色的岩溶景观,如辽宁的本溪水洞。

图6-3 桂林山水

1. 岩溶(喀斯特)地貌

岩溶是指地下水对可溶性岩石以化学溶蚀为主的破坏和改造作用,以及由这种作用所产生的特殊地貌和水文网的总称。主要的岩溶地貌有以下几种。

1）溶沟与石芽

地表水流对可溶性岩石表面溶蚀和机械冲刷形成的沟槽叫溶沟,深几厘米到几米,也可达几十米。溶沟之间凸起的石脊称为石芽。溶沟和石芽(见图6-4)相间出现,使地面坎坷不平,溶沟、石芽继续扩大,可形成石林,如我国云南石林。

图6-4　溶沟和石芽

2）落水洞与溶斗

地表水沿可溶性岩石的两组节理交叉处向下渗流,使裂隙扩大成直立井状洞穴,称为落水洞。落水洞地面洞口附近常因陷落和溶蚀而成的漏斗状洼地,叫溶斗或陷落漏斗。溶斗规模有大有小,直径从几米到几百米不等,单纯由溶蚀作用形成的溶斗规模小,溶蚀作用与陷落作用形成的溶斗规模大,位于重庆市奉节县的小寨天坑是世界上最大的塌陷溶斗(见图6-5)。

图6-5　重庆市奉节县的小寨天坑

3）溶洞与地下河

地下水向下渗流至潜水面后,不再垂直向深处运动,而受重力影响从潜水面高处向低处流动,并沿岩石层理和裂隙溶蚀成近水平方向延伸的地下洞穴,称为溶洞。美国肯塔基州的猛犸洞长达240 km,为世界上最大的溶洞。桂林的七星岩洞长2 km,洞顶高数十米,都是著名的溶洞旅游胜地。溶洞中汇集丰富的地下水形成地下河(暗河)如辽宁本溪水洞,就是几百万年前形成的大型石灰岩充水溶洞,洞内深邃宽阔,现地下暗河长达3 km,平均水深1.5

m,最深处 7 m,水流终年不竭,清澈见底,洞顶和岩壁钟乳石发育较好,千姿百态,泛舟游览,使人流连忘返(见图 6-6)。

图 6-6　辽宁本溪水洞的溶洞与地下河

当地壳在长期稳定后快速上升,河流下切,河谷加深,潜水面随之下降,原先的地下河下渗,沿地下水面发育的溶洞被抬高而成为干溶洞。当地壳恢复相对稳定时,则在新的潜水面附近形成低一级的另一溶洞系统,如果地壳间歇性多次上升,就造成多级溶洞。各级溶洞的高度常与河流阶地高度相对应,可以反映地壳上升的幅度。

4) 溶蚀谷与天生桥

溶洞不断扩大,导致洞顶岩石塌落,形成两壁陡峭的深谷,称为溶蚀谷。残留在谷地上部未塌落的部分称为天生桥(见图 6-7)。

图 6-7　天生桥

5) 峰丛与峰林

岩溶发育过程中,将巨厚的石灰岩体切割成顶部独立、基部相连的峰丛;经过长期溶蚀,洞穴不断扩大崩塌,形成较大的洼地,并在地面流水作用下不断扩大,洼地之间形成分散的耸立孤峰,称为峰林(见图 6-8)。

综上所述,岩溶地貌形成的基本条件为:有产状较平缓且节理发育的厚层状可溶性岩石的分布(主要为石灰岩),有丰富和不断运动的地下水资源。

2. 影响岩溶发育的因素

岩溶(喀斯特)地貌的发育主要受气候、岩石性质和地质构造、构造运动等因素的影响。

图6-8 广西桂林的峰丛与峰林

1）气候的影响

湿热的气候、充沛的水量是岩溶发育的必要条件。干旱或寒冷地区则难以形成岩溶。

2）岩石性质的影响

可溶性岩石的存在是岩溶发育的物质基础，化学沉积或生物沉积的碳酸盐类岩石（石灰岩、白云岩和泥灰岩）、硫酸盐类岩石（石膏、硬石膏和芒硝）与氧化物类岩石（石盐和钾盐）是地下水溶蚀的主要对象。分布广泛、产状平缓、厚层状碳酸盐类岩石最易形成岩溶地貌。

3）地质构造的影响

节理是碳酸盐岩中地下水的主要通道，节理越多、延伸越远、开口越大，越有利于岩溶作用。在断层破碎带，溶斗、溶洞最易形成。

4）构造运动的影响

地壳的上升或下降影响溶蚀作用。构造运动相对稳定的地区，潜水面也比较稳定，有利于地下水的长期作用，因而溶洞、峰林和溶蚀洼地发育；构造运动相对强烈的山区，包气带深厚，落水洞和溶斗发育。如果构造运动呈快、慢的周期性交替，或者地壳交替地上升和稳定，则形成多层溶洞。

二、地下水的搬运作用

地下水的流速很小，所以机械搬运能力较小，一般只搬运细小的泥、沙等物质，只有在较大的溶洞和地下河中才有较大的机械搬运能力，能搬运较粗大的砂和砾石，搬运过程中稍具分选作用和磨圆作用，这些特征类似于河流。地下水的搬运主要是以溶运方式进行的，溶运量与流量和地下水化学性质有关。全世界河流每年带入海内的溶解物质大部分来源于地下水，由此可见地下水溶运能力之大。

地下水化学溶运的溶质成分取决于地下水流经地区的岩石成分，通常以重碳酸盐为多，氯化物、硫酸盐、氢氧化物较少，但在个别地区氯化物、硫酸盐、氢氧化物可以成为主要成分。搬运物呈真溶液或胶体溶液状态，对地下水进行取样、分析和研究，可以帮助寻找地下盲矿体。

三、地下水的沉积作用

地下水的沉积作用有机械沉积作用和化学沉积作用两种，以化学沉积作用为主。

（一）机械沉积

地下水发生机械沉积主要是地下河流到平缓、开阔洞穴地段，因河床纵比降减小，流速降低,在洞穴中出现砾石、砂和粉砂等碎屑堆积,与地面河流相比,地下河机械沉积物粒细、量少、分选性与磨圆度差。此外,溶洞中的机械沉积还可以是溶蚀崩落作用产生的大小混杂的角砾组成的混合堆积。

(二)化学沉积

地下水的化学沉积主要发生在地下水流出地表或渗入岩石的孔隙时,因压力降低导致水中 CO_2 溢出,或因水温骤降和水分蒸发等使溶液达到过饱和而发生沉淀,常见的沉积作用有以下几种。

1.泉口沉积

当地下水流出地表时,由于温度骤降,SiO_2 沉淀下来,或由于压力降低,CO_2 溢出使 $CaCO_3$ 沉淀出来,形成疏松多孔的物质,称为泉华。由 $CaCO_3$ 组成的称为钙华,由 SiO_2 组成的称为硅华。泉华一般形成于温泉出口,可形成不同的形态,如锥状、台阶状、扇状、幔状等。

2.溶洞沉积

富含 $Ca(HCO_3)_2$ 的地下水沿着裂隙从洞顶下滴或从洞壁漫溢的过程中,由于压力降低,会有大量的水汽蒸发或 CO_2 逸出,从而使 $CaCO_3$ 沉淀下来,形成千姿百态的溶洞滴石。悬挂在溶洞顶棚上的圆锥形堆积物,称为石钟乳;与其相对应的洞底位置上,$CaCO_3$ 沉淀形成向上生长的圆锥形堆积物,称为石笋;经过长期的沉淀,洞顶的石钟乳与洞底的石笋不断长大后连成一体,称为石柱;从洞壁漫溢的地下水,常形成垂帘状 $CaCO_3$ 沉淀物,称为石帘、石帷幕、石瀑布和石幔等(见图6-9)。

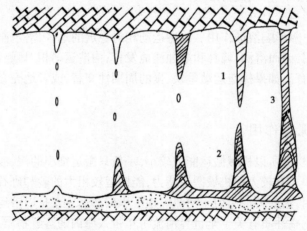

1—石钟乳;2—石笋;3—石柱
图6-9　溶洞沉积形成示意图

3.裂隙沉积

富含溶解物质的地下水在流入岩石裂隙后,溶解物质会沉淀结晶出来,在较开阔的裂缝中形成脉状的沉积体,称为岩脉,如方解石脉、石英脉等;在一些较紧闭的裂隙中,地下水中的 Fe、Mn 物质沉淀在裂隙面上,常呈树枝状,粗看像植物化石,故称为假化石或模树石。

4.孔隙沉积

地下水在岩石颗粒之间沉淀下来的物质,常形成松散沉积物中的胶结物,其成分主要有钙质和硅质等。

地下水的化学搬运物在其未饱和时,也可与周围物质发生交换而沉淀出来,称为置换作用。置换作用是指地下水中的矿物质与掩埋在沉积物内的生物体之间的物质交换,在这个交换过程中,原来生物体组分被地下水溶蚀,并由地下水中的矿物质(SiO_2、$CaCO_3$等)沉淀充填,改变了物质成分,但仍完全保留着生物原有的构造,如硅化木的形成就是树木的有机质被地下水中的SiO_2置换,树干、枝、叶的外形和纤维构造还保存完好,地层中的化石主要是这样形成的。

地下水是重要的自然资源,与人类生活有着密切的关系,地下水的地质作用对经济建设具有直接影响。所以,研究地下水的活动及其作用规律,为寻找水资源、矿产开发、工程建设以及保护环境等提供宝贵的水文资料是地质工作的一项重要任务。

小　结

1. 地下水赋存和流动的条件是岩石中具有一定的空隙,空隙包括孔隙、裂隙和洞穴。

2. 地下水根据运动状态、埋藏条件,分为包气带水、潜水和承压水三种基本类型。

3. 地下水的地质作用包括潜蚀作用、搬运作用和沉积作用,其中潜蚀作用分为机械潜蚀作用和化学溶蚀作用。

4. 岩溶作用形成典型的喀斯特地貌,常见的喀斯特地貌有溶沟与石芽、落水洞与溶斗、溶洞与地下河、溶谷与天生桥、峰丛与峰林等。

5. 地下水沉积作用形成的地貌有泉华、石钟乳、石笋、石柱、模树石、硅化木化石等。

思考题

1. 什么是地下水? 其来源有哪些?

2. 透水层和隔水层分别包括哪些岩石类型?

3. 潜水面为什么随地形和季节变化而变化?

4. 地下水的潜蚀作用有哪几种方式? 各有何特点? 盛行于哪些地区?

5. 喀斯特地貌是怎样形成的? 常见的喀斯特地貌有哪些?

6. 地下水的沉积作用发生在哪些地方? 沉积物有哪些?

项目七　海　洋

学习目标

本项目应掌握波浪、潮汐、洋流、浊流的剥蚀、搬运作用,熟练掌握滨海、浅海、半深海、深海的沉积作用。了解海水的化学成分、物理性质、运动方式及海洋生物;了解海水进退的原因、意义及其形成的地质现象。重点是海水的沉积作用;难点是海水的运动。

【导入】

浩瀚的海洋是孕育生命的摇篮,海水永不停息地运动着,有时微波粼粼,有时惊涛拍岸,可以观察到海滩上粗细有序的泥沙,岸边奇形怪状的岩石,以及海里丰富多彩的海洋生物,这些都是如何产生的呢? 我们将在本项目中带领大家探索海洋的秘密。

【正文】

任务一　海洋概况

海洋是一个巨大的宝库,它拥有人类需要的大量食物和丰富的矿产资源。海水具有强大的动力,不断塑造着不同的海岸,并对沿岸进行破坏。海洋是地球上最大的沉积场所,大量来自陆地的碎屑物质被搬运到海洋沉积。这些沉积物中保存着人类用来认识地球演变历史的丰富资料。

一、海洋的概念

地球表面被陆地分隔为彼此相通的广大水域称为海洋,海洋是地球水圈最重要的组成部分。地球上的水约有 97% 存在于海洋中,海洋占地球表面面积的 70.8%,海水量达到 140 亿 km^3,平均深度有 3 700 m。

海洋是由海和洋构成的。近陆为海,远陆为洋。大洋约占海洋面积的 89%,水深一般在 3 000 m 以上,最深处可达 1 万多米。大洋离陆地遥远,不受陆地的影响,水温和盐度的变化不大,水色蔚蓝,透明度很大,水中的杂质很少。世界分布有四大洋,即太平洋、印度洋、大西洋、北冰洋。海在洋的边缘,是大洋的附属部分。海的面积约占海洋的 11%,水深比较浅,平均深度从几米到两三千米。海临近大陆,受大陆、河流、气候和季节的影响,海水的温度、盐度、颜色和透明度有明显的变化。夏季海水变暖,冬季水温降低,有的海域海水还会结冰。在大河入海的地方,或多雨的季节,海水会变淡。由于受陆地影响,河流挟带着泥沙入海,近岸海水混浊不清,海水的透明度差。

海洋是改造地球表层的重要动力,海水中蕴藏着丰富的海洋生物、矿产资源和巨大的能源,因此研究海洋的地质作用对地球演变、生命形成和开发海洋资源都具有极其深刻的意义。

二、海水的物理性质

海水的物理性质包括海水的颜色、盐度、温度、密度、压力等。海水的颜色主要取决于海水对阳光的吸收与散射,海水对阳光中红、橙、黄等色光吸收较强,而对蓝、紫等色光散射较强,所以海水多呈蔚蓝色。海水的颜色也受海水中所含的悬浮物质、海水的深度等物质影响。

海水盐度是指海水中全部溶解固体与海水质量之比,通常以每千克海水中所含的克数表示。海水中的盐来自地球内部、河水等,人们用盐度来表示海水中盐类物质的质量分数,世界大洋的平均盐度为 3.5‰。气候对海水盐度的影响很大,一般降水充沛和有江河注入的海域含盐度较低。

海水的温度是反映海水热状况的物理量,以℃表示。海水的温度主要来自太阳辐射,海洋表层温度分布不均,在赤道海区是 25 ~ 28 ℃,在中纬度海区为 10 ℃左右,在极地海区可降低到 0 ℃以下。全球海水平均水温为 17.4 ℃。海水温度一般随着海水深度增加而降低,每深 1 000 m 下降 1 ~ 2 ℃,在水深 350 m 左右处有一恒温层,在水深 350 m 以下海水温度变化很小。

海水的密度略大于纯水,为 1.022 ~ 1.028 g/cm^3。它随温度、盐度和压强而变化。温度升高,密度减小;盐度增加,密度增大;气压加大,密度增大。

海水的压力随深度增加而加大。海水深度每增加 70 m,其压力增加 1.013×10^5 Pa。水深 1 000 m 处压力为 $1.001\ 3 \times 10^7$ Pa,这种压力可使木材的体积压缩至 1/2 而下沉。水深 7 600 m 处的压力可以使空气密度变得像水一样大。

三、海洋生物

地球的生物资源 80% 以上在海洋中,种类多达 20 万种以上。根据其生活方式分为以下三种类型。

(一)底栖生物
底栖生物是指固定生活在海底上的生物,如珊瑚、腕足类、苔藓虫等。

(二)游泳生物
游泳生物是指能在海洋中主动游泳的生物,如鱼类、乌贼等。

(三)浮游生物
浮游生物是指在海水中没有行动能力,随水漂泊、随波逐流的海洋小生物,如藻类,海生动物有孔虫、放射虫等。

此外,海水及海底沉积物中还生活着数量巨大的细菌。1 cm^3 海水中的细菌可达 50 万个以上,1 cm^3 海底沉积物中细菌数高达千万至数亿个。细菌不但具有极大的繁殖能力,而且大多数细菌有分解有机质的功能,形成还原环境,能为某些矿产的形成提供有利的条件。海洋生物的遗体是海洋沉积物质的重要来源之一。

任务二 海水的运动

海水的运动是海洋地质作用的主要动力,促使海水运动的因素很多,其中主要为风力、日月引力,其次为地震、火山喷发和海水物理性质的差异等。其运动方式主要表现为波浪、潮汐、洋流和浊流四种。

一、波浪

海水有规律的波状运动称为波浪,也叫海浪。风是波浪形成的主要因素,此外还有潮汐、海底地震、火山喷发和大气的剧烈变化等。

波浪运动的特点是水质点在风的切向力、表面张力、重力共同作用下做圆周运动。海水越深,水的切向力越小,圆周越小。波浪运动仅仅是波形前进,水质点并不前移。

波浪的外形高低起伏。波形最高部分称为波峰,波形最低处称为波谷,相邻两波峰或两波谷之间的距离称为波长,波峰到波谷的垂直距离称为波高(见图7-1)。

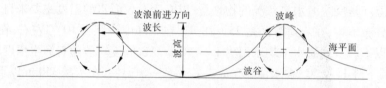

图 7-1　波浪的要素

波峰、波谷、波长、波高为波浪的四要素。此外,波形做周而复始的运动时,重复一次所经历的时间称为周期。波形在单位时间内前进的距离称为波速。

波浪发生时,波的传播是海水质点在平衡位置上做有规律的往复圆周运动的结果,海水质点并没有发生明显的水平位移,成为往复螺旋式的前进运动(见图7-2)。由于水的内摩擦力,水质点的圆周运动半径随着深度增加而减小,达一定深度呈静止状态,所以波浪并不能到达海底。

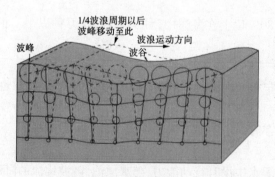

图 7-2　波的传播

波浪大小主要与风力、风的持久性、海面开阔程度有关,大洋中通常发育波长数十米、波高 2 ~ 5 m 的海浪,但暴风浪波长可达数百米到近千米,波高可达 30 ~ 40 m。大地震和火山强烈喷发还可以引起海啸。

二、潮汐

海水周期性涨落的现象称为潮汐（见图7-3）。潮汐是由地球自转和日月引力引起的。月球绕地球旋转一周所需的时间为24小时51分钟，故同一地点每隔12小时25分钟就有一次涨潮，在两次涨潮之间即发生落潮。涨潮时海水面最高处为高潮，落潮时海水面最低处为低潮，二者的高差称为潮差。同一地段，潮差大小取决于日、月与地球的关系，当月、地、日三者位于同一线上时，即朔望月潮差最大，称为大潮，发生在农历初一、十五之后1~2 d；上弦月或下弦月潮差最小，称为小潮，发生在农历初八、初九及二十二、二十三后1~2 d。

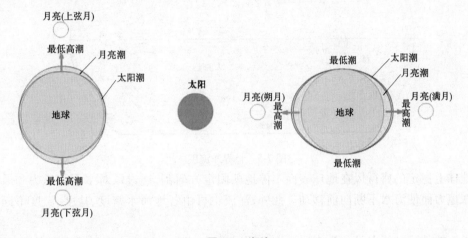

图7-3　潮汐

潮汐在低纬度海区最为显著，在极地海区没有大、小潮的区别。

太阳对地球也有引力，也能引起潮汐，但因为太阳离地球很远，所以引潮力比月亮小得多。

由潮汐引起的海面高度变化迫使海水做大规模水平方向的周期性流动，形成潮流。潮流流速一般为4~5 km/h，在狭窄的海峡或海湾中，流速加快，如我国杭州湾的钱塘江大潮大（见图7-4），潮高可达6~8 m，最大达12 m，流速可达6~7 m/s。

图7-4　钱塘江大潮

三、洋流

海洋中沿固定方向流动的水体称为洋流(海流)。按水温可分为寒流和暖流(见图7-5)。

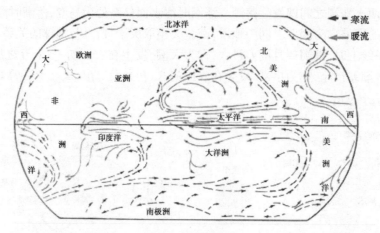

图 7-5　世界洋流图

地球上稳定的盛行风在地球表面不停地朝固定方向刮,通过风对水面的压力和风与水面的摩擦力而使海水不断向前移动。此外,洋流也可由各地海水密度、盐度、温度不同而引起。

洋流按其运动特点可分为表层洋流和深层洋流,表层洋流由定向风或海水温度、盐度差异引起,它像海洋中的河流一样,宽数十至数百千米,水层厚度可达数百米,速度 2~6 km/h。深部海水与表层海水的循环运动称为深海洋流,它是由海水温度、盐度差异引起的。

四、浊流

浊流是由碎屑物和水混合而成的,在重力作用下沿大陆架和大陆坡向下移动的水团。浊流发源于大陆架之上或大河流的河口前缘,厚度大而松散的堆积物在暴风浪、潮流、地震及火山等触发下,与海水搅和在一起,在重力作用下向下流动,而形成浊流。

浊流分布比较局限,但剥蚀、搬运能力较强,能把浅海的粗碎屑物带至深海底沉积。浊流也可形成于湖泊中。

■ 任务三　海洋的地质作用

运动的海水是产生剥蚀作用和搬运作用的动力来源。海洋是地球上最大的沉积场所,海洋沉积物主要来源于陆源物质,其次为生物物质、火山物质和宇宙物质,其中又以河流搬运和海蚀作用的物质最重要。全球每年由河流输入海洋的碎屑物总量约 2×10^{10} t,以溶运方式送入大洋中的约 3.5×10^9 t。地球上陆地表面75%是沉积岩,其中绝大部分是海洋沉积形成的。

一、海水的剥蚀作用

海水对海岸带和海底的破坏作用,称为海蚀作用。按其作用性质可分为机械剥蚀和化学溶蚀两种。机械剥蚀作用按其方式又可分为冲蚀和磨蚀。海蚀作用盛行于滨海带,塑造出特殊的海岸地貌,并对大陆架以及大陆坡也产生影响。化学溶蚀作用仅在易溶岩石组成的海岸地区才有较显著的影响,与机械剥蚀作用相比居次要地位。

(一)海水的冲蚀作用

运动的海水具有很大的动能,尤其是在滨海带浅水处,波浪转变为拍岸浪,对海岸进行着强烈的冲击作用。1877年,在苏格兰威克港的一场罕见的强风暴将一个重2 600 t的混凝土块从码头上卷起,掷落到海港的入口处。强大的海浪加上被它卷着的砂石对海岸有更强烈的破坏作用。海岸的岩石在永不停息的海浪冲击下,就会被冲蚀出许多岩洞,这些岩洞称为海蚀穴或海蚀凹槽。日久天长,海蚀穴不断加深和扩大,使上部崖岸悬空失去支撑发生崩落,形成陡峭的崖壁,称为海蚀崖。此外,还可以见到由海浪冲蚀作用造成的海蚀柱、海蚀拱桥等海蚀产物。

(二)海水的磨蚀作用

海浪冲击海岸不断破坏基岩,退流时把岩石碎屑带向海洋并磨蚀海底。这种剥蚀作用的继续,造成海蚀崖向大陆方向节节后退,并使水下基岩被磨平,在波浪作用带内形成一个基岩平台,称为波切台。如果地壳上升,波切台就成为高于海平面的海蚀阶地。底流和沿岸流将破碎的岩块带入海中,磨蚀海底又相互摩擦,成为磨圆度很好的砾石和砂,并在适当的水底斜坡下堆积起来,形成一个平缓的堆积台地,称为波筑台。

(三)浊流的侵蚀作用

在大陆斜坡上发育着许多海底峡谷,普遍认为海底峡谷的成因是浊流冲刷的结果。浊流饱含着岩屑沿大陆坡向下运动,规模大、速度快,具有很强的侵蚀能力,长期的作用在大陆坡上切割出海底峡谷。海底峡谷既是浊流侵蚀的产物,又是浊流运行的通道。它对海底沉积物的堆积和海底地貌形态的塑造起着重要的作用。

此外,洋流在洋底也会形成水下剥蚀,但水中很少含有泥沙,它仅对海峡或凸起的海槛进行微弱的冲刷。

二、海水的搬运作用

海水的搬运方式可以分为机械搬运和化学搬运。波浪是海水机械搬运作用的主要动力,拍岸浪可以卷起浅处的碎屑泥沙向海岸搬运,退流又把碎屑泥沙搬到海中,岸流能沿着海岸进行搬运。当潮水进入海湾或河口时,搬运能力就增大。涨潮时,可向大陆方向搬动泥沙;落潮时,可向海洋方向搬运泥沙。机械搬运按方式可分为推移、跃移和悬移,其搬运量、搬运力和搬运方式均与海浪的动能有关。

洋流主要搬运一些细小的泥沙和漂浮物质,搬运距离可达数千米。

海水的搬运作用具有明显的分选性。一般较粗、较重的颗粒搬运的距离较近,较细、较轻的颗粒搬运的距离较远。

海水不但能进行机械搬运,而且能进行化学搬运,也叫溶运。海水将其溶蚀的物质与陆源化学物质搬运到广阔的海域,成为海洋化学沉积的主要物质来源。

三、海水的沉积作用

由于海洋不同深度地区的海水运动、化学成分和生物均有所不同,故其沉积作用也不相同。按海水深度或把海洋沉积环境分为滨海带、浅海带、半深海带和深海带,海洋沉积作用根据沉积环境的不同又可分为滨海沉积、浅海沉积、半深海沉积和深海沉积。

(一)滨海带的沉积作用

滨海带是平均高潮线与低潮线之间的水域,也叫潮间带。滨海带波浪、潮汐作用强烈,除有一些硬壳和钻孔的底栖生物外,其他海生生物不易生存。化学物质只有在特定的环境下才能沉积,所以滨海带以机械碎屑沉积为主。

滨海带的机械沉积物主要来源是海水对海岸带的剥蚀,其次来自河流。随着海水搬运能力的减小,在重力作用下,机械搬运物按颗粒大小和相对密度大小依次沉积下来,形成平行海岸呈带状分布的沉积物,沉积物中的碎屑以粗砂、砾石为主。滨海带沉积物常形成海滩、沙坝、沙嘴等地貌。

1.海滩沉积

海岸基岩破碎物和河流带来的冲积物在波浪作用下,长期互磨变小、变圆,形成与海岸平行的带状沉积物。砾石的磨圆度较好,一般呈椭球形或球形,砾石呈定向排列,其长轴方向大致与海岸平行,砾石最大的平面倾向海洋。这种主要由砾石组成的海滩称为砾滩(见图7-6)。

图7-6　砾滩

主要由沙组成的海滩叫沙滩(见图7-7)。沙质沉积物成分较单一,通常以石英砂为主,圆度与分选性良好,沉积物交错层理、波痕发育,还可见到泥裂、足迹等,常有化学性质稳定、比重较大的重矿物富集,如金、锡石、锆石、独居石等,甚至还有金刚石、砂金等,可形成滨海砂矿。

2.潮坪沉积

潮坪是指以潮汐为主要水动力条件的滨海环境,在坡度极缓的海岸带,形成平坦宽阔的坪地。潮流只能将细砂、粉砂和黏土搬运到潮坪上沉积,在干燥气候条件下可出现碳酸盐沉积,沉积物由海向陆由粗变细,有斜交层理、波痕、泥裂等。潮坪可进一步发展成为滨海沼泽。

图 7-7 沙滩

3.沙坝

沙坝是在浪基面附近或进浪与退流相遇处,动能的减弱或抵消使挟带的泥沙堆积下来形成的与海岸平行的突起地形(见图 7-8)。

图 7-8 沙坝

4.沙嘴

沙嘴是由泥沙堆积成的长条形突起地形,一端与海岸相连,另一端伸入海中。它是在海岸的弯曲处由沿岸流或两股反向岸流相遇时,搬运力降低,挟带的泥沙沉积下来形成的(见图 7-9)。

5.潟湖沉积

沙坝、沙嘴发育,不断加高加长,连接起来在内侧形成一个与外海半阻隔的水域,即形成潟湖。潟湖沉积物以泥沙质为主,水平层理发育,气候干热地区的潟湖内常形成膏盐矿床,如我国四川自贡盐矿。

(二)浅海带的沉积作用

浅海带位于大陆架之上,是低潮线以下至 200 m 水深的海区。浅海带的宽度各地不等,从几十千米至上千千米。浅海带海底平坦,海水仍处于较动荡的环境,由于离陆地较近,阳光充足,海水温暖,并具有良好的通气条件及稳定的盐度,水温和压力均宜于生物生存,又有陆地带来的大量富含营养的物质,因而海洋生物极为丰富,这些生物是沉积物的重要来源。

浅海带是海洋沉积最主要的沉积场所,它接纳由陆地带来的大量碎屑和溶解物质,常形

图 7-9　沙嘴

成巨厚的各类型沉积物,陆地上绝大多数沉积岩是浅海沉积形成的。浅海带的机械沉积、化学沉积和生物沉积都非常发育。

1. 浅海带的机械沉积作用

海水挟带大量碎屑物到达浅海带时,随着水深加大,流速逐渐减小,动能不断降低,其挟带的物质便按颗粒大小、轻重依次沉积下来,这种作用也叫机械分异作用。浅海带机械沉积的碎屑物质主要来源于陆地,部分来自海蚀作用产物,沉积物颗粒比滨海带细,砾石极少见。一般由近岸到浅海带深处,沉积物由粗到细,呈粗砂—中砂—细砂—粉砂(粉砂质黏土)的序列,颗粒磨圆度较好,沉积物具有极好的水平层理,层面上可见到波痕,常含有较完整的生物遗体、贝壳等。

2. 浅海带的化学沉积作用

浅海带的化学沉积比较普遍,沉积物的数量和厚度比较大,可形成许多重要矿产。浅海带的化学沉积物主要来自海水溶蚀和河流、地下水从陆地上溶运来的溶解物质和胶体物质,化学成分主要有 $NaCl$、KCl、$MgCl_2$、$CaSO_4$、$MgSO_4$、$CaCO_3$、$MgCO_3$、$FeCO_3$、Al_2O_3、MnO_2 及 SiO_2 等。这些物质按一定的顺序在不同的环境下沉积下来,形成化学沉积物。浅海带常见的化学沉积物,按其溶解度由小到大的顺序是 $Al_2O_3 \rightarrow Fe_2O_3 \rightarrow MnO_2 \rightarrow SiO_2 \rightarrow P_2O_5 \rightarrow CaCO_3 \rightarrow CaSO_4 \rightarrow NaCl \rightarrow MgCl_2$,前几种呈胶体溶液被搬运,后几种呈真溶液被搬运。首先沉积下来的是靠近海岸地带的铝、铁、锰氧化物,其次是离岸较远的硅酸盐和碳酸盐,最后是离岸更远地带的碳酸盐。而硫酸盐和氧化物因溶解度大,在正常浅海中不能沉淀出来,可以在潟湖中沉积。这种按溶解度大小依次沉淀的作用,称为化学沉积分异作用。

3. 浅海带的生物沉积作用

浅海带生物极其繁盛,当它们大量死亡后,骨骼或外壳在原地或被波浪搬运到适当环境沉积下来,形成由生物遗骸组成的沉积物,经成岩作用形成生物沉积岩。最常见的有介壳灰岩、生物碎屑岩和生物礁(珊瑚礁最常见)。

珊瑚是浅海固着底栖生物,是由群体生活的珊瑚动物形成的。群体珊瑚一般生活环境在水深小于 50 m,氧气和阳光充足,水温在 20 ℃左右,水质清洁不含泥沙、含盐度正常的海水中。其躯体呈树枝状,由许多 $CaCO_3$ 小管构成,珊瑚虫就生活于管中。珊瑚不断繁殖、长大,形成巨大的珊瑚礁,构成海中岛屿,如我国的南沙群岛、西沙群岛等。

浅海带中的低等生物非常多,它们大量死亡后埋藏在泥沙中,在缺氧的环境下,受到一定的温度、压力和细菌的分解作用,可形成石油、天然气。我国大陆架海域辽阔,蕴藏着丰富的石油和天然气资源。

(三)半深海带和深海带的沉积作用

半深海带和深海带是位于大陆坡和洋底的水域,水深大于200 m,因距大陆较远,水深、压力大,底栖生物很少,主要以浮游生物及游泳生物为主。波浪作用不能影响到海底,以洋流、浊流作用为主,陆源物质少,一般仅有粒径小于0.005 mm的悬浮物可到达此带。此外,可有海底火山喷出物、宇宙物质和冰山挟带的粗粒物质沉积。沉积物较少,多为泥质和生物残骸为主的软泥沉积、浊流沉积、金属泥和锰结核。浊流裹挟着泥沙顺着大陆坡的海底峡谷进入深海盆地,形成海底沉积扇。

1. 浊积物

浊流沉积主要发生在大陆坡下部并可延伸到深海盆地。浊积物主要来自大陆,依靠浊流的搬运,沿海底峡谷冲入深海盆地,在峡谷口处形成深海扇,填平了海底起伏的地形,形成巨大的海底平原。由于浊流的多次频繁运动,常表现为陆源碎屑沉积物与深海软泥互层,形成由粗到细的韵律性重复变化。

2. 软泥

软泥按成分和生物屑种类分为生物软泥和深海黏土。生物软泥含有丰富的生物骨骼,主要是浮游生物骨骼,其余为泥质及粉砂物质。按其成分分为钙质软泥与硅质软泥两类。属于钙质的有抱球虫软泥和翼足虫软泥,属于硅质的有放射虫软泥及硅藻软泥。

深海黏土主要由黏土构成,含大量火山碎屑(主要为火山灰),生物很少,在强氧化条件下形成红色。

同成分软泥的分布与气候有明显关系。硅藻软泥主要分布在位于寒冷气候带的海洋,放射虫软泥主要分布于热带的海洋,钙质软泥与热带及温带气候有关。如太平洋洋底沉积物的分布表明这一特点。

3. 金属泥和锰结核

金属泥是富含重金属元素的泥状沉积物。1965年,科学家首次在红海海底约2 000 m深处发现金属泥,金属泥产出部位具有海水温度高、含盐度高、重金属含量高的"三高"特点,如厄瓜多尔西部加拉帕戈斯附近的东太平洋洋隆上发现有厚30~40 m的金属泥,总体积达 8×10^6 m³,含有丰富的 Cu、Ag、Cd、Mo、Pb、V、Zn 等元素。

锰结核是海底的一种多金属结核。其直径一般为1~10 cm,断面呈同心圆状,绝大多数锰结核都有一个碎屑核心,外形主要为葡萄状,有时也可围绕线状、棒状物发育。化学分析结果显示其中含有多种金属元素,具有工业价值的金属元素主要有 Mn、Co、Ni、Cu 等。深海中的锰结核主要分布在中太平洋和东北太平洋、大西洋、印度洋洋底沉积物的表层。海底沉积物中 Mn、Co、Ni、Cu 金属的储量远远超出大陆上同类金属的储量,是维系人类可持续发展的资源宝库。调查表明,这些锰结核具有很大的矿产储量,已引起世界各国的重视。

小　结

1. 海洋是地球水圈最重要的组成部分,地球上的水约有97%存在于海洋中;海洋是由海和洋构成的。全球分布着四大洋,即太平洋、印度洋、大西洋、北冰洋。

2. 海水有波浪、潮汐、洋流和浊流等运动形式。

3. 海洋的地质作用有剥蚀作用、搬运作用、沉积作用。

4. 海洋是地球上最大的沉积场所。海洋沉积物主要来源于陆源物质,其次为生物物质、火山物质和宇宙物质,其中又以河流搬运和海蚀作用的物质最重要。海洋沉积作用有机械沉积、化学沉积和生物沉积三种,根据沉积环境的不同又可分为滨海沉积、浅海沉积、半深海沉积和深海沉积。

思考题

1. 影响海洋地质作用的因素有哪些?

2. 海浪、潮汐、洋流搬运作用有什么异同点?

3. 沙坝、沙嘴与潟湖是怎样形成的? 它们的成因有何联系?

4. 阐述浅海沉积的重要性及形成的主要沉积物有哪些?

5. 浅海的机械沉积作用、化学沉积作用有哪些特点?

6. 对照滨海和浅海环境,阐明两者机械沉积物的主要区别。

7. 如何判断古海岸线的位置?

8. 导致海平面长期升降的原因是什么?

项目八　湖泊与沼泽

学习目标

　　本项目要求能解释湖泊的概念,能概述湖泊的成因、沉积作用及产物;能解释沼泽的概念,能概述沼泽的成因、沉积作用及产物。

【导入】

　　在地质发展历史中,各个时期的湖、沼沉积都广泛分布并赋存着丰富的矿产资源。

　　湖泊与沼泽可以接纳由地表水、地下水、风、冰川和火山作用带来的各种物质,还存在大量的生物遗骸。因此,湖泊是大陆上重要的沉积场所。湖泊和沼泽是水圈中相对平静的小规模水体,地质作用以沉积作用为主,主要是生物沉积作用。

【正文】

任务一　湖泊的形成及特征

一、湖泊的成因及分类

(一)湖泊概况

　　湖泊是陆地上积水的洼地,它主要包括湖盆和水体两部分。

　　湖泊广泛分布在世界各地,总面积约占陆地面积的 1.8%。世界上湖泊最多的国家是北欧的芬兰,被称为湖国。湖泊的大小、形状和深度悬殊,世界上最大的咸水湖是里海,最大的淡水湖是北美的苏必利湖。最深的湖泊是俄罗斯的贝加尔湖,水深 1 620 m。最高的湖泊是我国青藏高原的纳木错湖,湖面海拔 4 718 m。最低的湖泊是巴勒斯坦、约旦交界的死海,湖面海拔 −395 m。

　　我国是湖泊众多的国家,约有 2 万多个,主要分布在青藏高原和东部平原。面积最大的湖是青海湖,为咸水湖,面积最大的淡水湖是鄱阳湖,比较著名的还有洞庭湖、太湖、西湖等。

　　湖泊可形成沉积盆地,储存许多重要的沉积矿产,如煤、石油、食盐、烧碱及各种盐类等,湖水也可以直接为人类提供水源。湖泊的沉积物类型与气候有较大的关系,因此可以通过地层中湖泊沉积的特点了解古地理和古气候情况。

(二)湖泊的成因及分类

　　形成湖泊的必备条件是有一个储水的盆(洼)地,具有足够的水源供给。两者可同时形成,也可先有盆(洼)地,再有水体。

1. 湖盆的形成

湖盆的形成主要包括内动力地质作用形成及外动力地质作用形成。

1）内动力地质作用形成的湖盆

（1）构造湖：地壳的构造动力使局部地段下陷形成向斜盆地,如洞庭湖、鄱阳湖等;或由构造运动产生的断层洼地,形成形态狭长较深的湖盆,如昆明的滇池和南京的玄武湖。

（2）火山湖：火山口为盆地形,积水成湖。如长白山天池。或因火山熔岩阻塞河流,如黑龙江五大连池（见图8-1）。

图8-1　黑龙江五大连池

2）外动力地质作用形成湖盆

所有外动力地质作用都可形成湖盆,一般规模小、水浅,湖盆周围可保留一些相应的外动力地质作用的地形和沉积物。

（1）河成湖：由河流的侵蚀和沉积作用所形成的湖泊。如河流截弯取直,形成牛轭湖。河流中下游河漫滩和冲积平原低洼处也可积水成湖。

（2）冰蚀湖：冰川地区尤其是大陆冰川地区,由于冰的刨蚀作用在岩性软的地段形成洼地。如苏必利尔湖。

（3）海成湖：是指由海水的侵蚀和沉积作用而形成的湖泊。海岸带形成的潟湖就是海成湖,如杭州的西湖。

（4）风蚀湖：是指风蚀作用所形成的湖泊。特点是水浅,易成为盐咸湖,如敦煌的月牙湖。

（5）溶蚀湖：岩溶地区由于溶蚀塌陷所形成的湖泊。

自然界的湖盆成因往往不是单一的,而是多种地质作用的结果。例如,世界上最大的淡水湖群,发育在北美（美国与加拿大交界处）,由五大著名湖泊苏必利尔湖、休伦湖、伊利湖、安大略湖、密歇根湖组成,原先是构造运动形成的构造湖,而后又经过冰川的刨蚀作用改造而成。由于湖盆成因不同,各类湖泊的分布反映了地质条件和自然地理情况。

我国湖泊中,冰蚀湖主要分布于青藏高原一带,河成湖分布于东部平原地区（湖北）,溶蚀湖分布于西南地区,风蚀湖分布于西北地区内蒙古的干旱区。

2.湖水的来源、排泄及化学成分

湖水的来源主要有大气降水、地表水、地下水、冰雪融水和残留海水等。湖水来源与湖盆所处的地形有关：

地势高(山顶火山湖)——主要是大气降水的补给；

低洼处——地下水补给(潜水、泉水)；

温湿区 —— 河水补给；

寒冷地区 —— 冰雪融水补给。

湖水的排泄主要有蒸发、渗透、流泄三种方式，有些湖泊有较固定的泄水口。

泄水湖(外流湖)具有泄水出口,温、湿区常见;不泄水湖(内流湖)无泄水出口,干旱区常见;当湖水补给大于或等于排泄时,才能成为固定的湖泊,间歇湖是雨季水充足时成湖,干旱时干枯。

湖泊根据其化学成分中含盐量的不同可划分为淡水湖(含盐量<0.3‰)、半(微)咸湖(含盐量0.3‰～24.7‰)、咸水湖(含盐量>24.7‰)、盐湖(含盐度达到饱和结晶)、碱湖(自然碱为主,含方解石、白云石)、苦湖(芒硝、石膏为主)、硼砂湖(含硼砂)。

同一湖水中的化学成分不是永远不变的,可以随自然条件的改变而发生变化。淡水湖和咸水湖之间可以相互转化。

$$淡水湖 \underset{河水冲淡}{\overset{蒸发量>流入量}{\rightleftharpoons}} 咸水湖$$

湖水的化学成分与湖盆的岩性、注入湖的水成分有关,与气候土壤亦有一定关系(见表8-1)。

表8-1　不同地区湖水特性

潮湿地区	干旱区
淡水湖	咸水湖、半(微)咸湖
泄水湖	不泄水湖
$Ca(HCO_3)_2$	$NaCl$、Na_2SO_4
有机质多	有机质少

二、湖水的运动

湖水与海水一样处于不停的运动之中,也有波浪、潮汐、湖流、浊流等运动方式,由于湖泊比海洋范围小、水浅,所以湖水的动能远小于海水。

湖水的运动特征主要体现在以下三个方面。

(一)机械能量弱

总体来说,湖泊中的水体处于较宁静的状态,运动缓慢而微弱,产生的机械动力小。

湖水有类似于海水的波浪、潮汐、湖流、浊流。

波浪——较海水规模小得多,水深大于20 m以后,不受波浪的影响。

潮汐——仅在离海较近的湖产生(湖水受海水潮流的影响较大)。

湖流——也有水平运动、垂直运动,动力弱。

浊流——风浪影响小,入湖河流小,因此浊流规模小。

(二)化学能量强

湖水中溶有一些气体 O_2、H_2S,电解质 HCO_3^-、SO_4^{2-}、Fe^{2+} 等,具有较强的化学活性,能溶解或分解一些元素。

若河流带入 $FeSO_4$,则有 $FeSO_4 + 2H_2S \longrightarrow FeS_2\downarrow + 2H_2O + SO_2$。

(三)生物能量强

湖水宁静,尤其是淡水湖泊适合各种生物的生存,湖中生活有各种动物、植物和微生物,它们的新陈代谢可以改变湖水的 pH 值、EH 值,生物死后遗体也是沉积物的直接来源。

任务二 湖泊的地质作用

湖泊的地质作用可分为剥蚀作用、搬运作用和沉积作用。由于湖水是相对宁静的水体,机械动力较小,对湖盆的剥蚀作用和产物的搬运作用较弱,因此沉积作用占主要地位。只有在湖泊较大、湖浪作用较强时,可形成湖蚀洞、湖蚀凹槽、湖蚀崖、波切台等地形,只是规模比海水小得多。

湖泊的沉积作用类型及沉积物的特征与气候有很大关系。

一、潮湿气候区湖泊的沉积作用

潮湿气候地区的湖泊雨量充足,生物繁盛,风化作用进行得比较彻底,地面流水、地下水作用发育,可将 K、Na、Mg、Ca 等易溶盐类及 Fe、Al、Mn 等难溶化合物带入湖泊。因此,可将其沉积作用分为机械沉积作用、化学沉积作用和生物沉积作用。

(一)机械沉积作用

湖水的机械沉积物主要来源于河流,其次为湖岸岩石的破碎产物。碎屑物质从浅水区进入深水区,由于动力逐渐减小,逐步发生沉积。从湖滨到湖心,沉积物粒度由粗变细,呈同心环带状分布。湖泊与海洋相似,粗碎屑物也可以堆积成湖滩、沙坝和沙嘴,细小的黏土级物质被湖流搬运到湖心,极缓慢地沉积到湖底,形成深色的、含有机质的湖泥。湖底较平静,沉积物不受波浪扰动,因此发育水平层理。一般来说,山区湖泊碎屑沉积物的粒度偏粗,平原区湖泊的沉积物的粒度较细。

1. 沉积物的特点

(1)从湖岸到湖心,机械沉积的碎屑物具有空间分异现象,平面上呈同心带状。

湖岸相对动力强,受波浪、潮汐影响,有类似于海岸的堆积现象,如湖滩、沙嘴、沙坝、湖滨三角洲等,主要是一些砂的沉积,有少数砾石。湖心水体宁静,主要是粉砂、泥质的沉积。沉积物的特点如下:

①具明显的环状分带现象。湖岸边缘和河流入湖的三角洲处为较粗碎屑(砂砾、砂粒)沉积,越向湖心沉积物越细(黏土)(见图8-2)。

②具有良好的水平层理。

③常会有动植物化石。

(2)气候的季节性变化对湖水机械沉积有较大的影响。

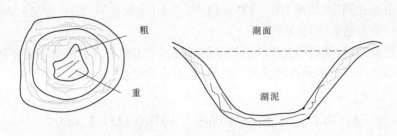

图 8-2 沉积物的特点

年层 $\begin{cases} \text{冬季:枯水期,颗粒细、颜色深、层薄。} \\ \text{夏季:洪水期,颗粒粗、颜色浅,层厚。} \end{cases}$

常年周期性反复沉积,形成无数年层叠加,称为纹层。

2. 潮湿区湖泊的演化

潮湿区湖泊机械沉积作用兴盛,因此湖内不断接受沉积,但湖泊的搬运能力弱,很少被搬运出湖外。入湖河流多、水量大,如果入湖河流挟沙量高,在湖滨可形成三角洲。三角洲扩大后,湖泊淤小、淤浅以致消灭,出现湖积(三角洲、平原或沼泽)。

例如,每年由各江河汇入我国江汉 – 洞庭湖区的泥沙量为 69 990 万 t,其中包括长江,汉江,湘、资、沅、澧四水和其他小支流。而江河自本区挟出的泥沙量为 37 800 万 t,可见输入量比输出量大 32 190 万 t。假设这些泥沙均匀沉积于全湖盆,则平均每年淤积 4 ~ 5 mm厚的泥沙层。

如果湖区地壳沉降量小于此数值,湖泊就逐年淤浅,湖水面积便日益缩小。

据统计,1941 年前洞庭湖面积为 5 000 km²,是我国第一淡水湖,到 1980 年面积减为 2 820 km²。流入洞庭湖的河流很多,每年带入并在湖中沉积的泥沙达 1.3 亿 m³,加高湖底 2 cm。

又如云南滇池,自全新世以来,古滇池四周冲积扇及河流三角洲沉积日益扩大,湖盆逐渐淤浅,水域面积缩小,形成了广阔的湖滨平原。盘龙江在湖盆北部入湖,形成了大规模三角洲。目前,其三角洲前缘已伸到湖心带。300 年前还是碧波荡漾、绿荷满池的水域,一部分现已淤成平地。

(二)化学沉积作用

潮湿气候区水量充足,尤其在温湿、湿热的地区化学风化作用和生物风化作用强烈,地面上易溶的 K、Na 组分最早流失,较易溶解的 Ca、Mg 等组成的盐类和较难溶的 Fe、Mg、Al、Si、P 等组成的盐类,随后也呈离子或胶体溶液搬运入湖,并在一定条件下相继发生沉积,形成沉积矿床。

例如由含铁岩石分解而形成的 $Fe(OH)_3$ 的胶体溶液可以与湖水中的电解质发生中和,或与湖水相混后因酸度降低而沉积,析出氢氧化铁。

此外,带入湖中的 $Fe(HCO_3)_2$ 溶液受到湖中植物的生物化学作用,可以发生分解、氧化,产生氢氧化铁沉淀。

其反应式为:

$$4Fe(HCO_3)_2 + O_2 + 2H_2O \longrightarrow 4Fe(OH)_3 \downarrow + 8CO_2 \uparrow$$

这样形成的氢氧化铁,称为湖铁矿。它呈团块状、透镜状或不规则层状,夹杂于碎屑沉积物中且多分布在湖岸(离岸 100～300 m 以内)浅水(水深仅 1～5 m)或河流入口处。与湖铁矿共生的可能有锰矿、铝土矿等。

在生物繁盛地区,湖底的有机质腐烂分解后放出 CO_2 和 H_2S 并形成强还原环境,这种环境能使重碳酸亚铁或硫酸亚铁转变成二硫化铁,形成黄铁矿(FeS_2)。

其反应式为:

$$Fe(HCO_3)_2 + 2H_2S \longrightarrow FeS_2\downarrow + 3H_2O + CO_2\uparrow + CO\uparrow$$

或

$$FeSO_4 + 2H_2S \longrightarrow FeS_2\downarrow + 2H_2O + SO_2$$

如果气候冷湿,有较弱的氧化作用,在细菌的协同作用下可形成菱铁矿($FeCO_3$),其反应式为:

$$Fe(HCO_3)_2 \longrightarrow FeCO_3\downarrow + H_2O + CO_2\uparrow$$

在有较丰富的磷质参与下还可形成做磷肥用的蓝铁矿($Fe_3[PO_4]_2 \cdot 8H_2O$)。

此外,在一些湖泊中常见到石灰岩及泥灰岩等,它们是由 Ca、Mg 等元素经化学作用沉积而成的。

(三)生物沉积作用

潮湿气候区的湖泊中生长着大量生物,为生物沉积作用提供了丰富的生物来源。藻类、菌类及其他生物死亡后,随泥沙一起沉积到湖底。在还原环境下,遗体中的蛋白质、脂肪以及碳水化合物等物质,经厌氧细菌作用,分解成为脂肪酸、醇、氨基酸等有机物,成为一些非常有用的沉积物。

这些有机物质相互作用可转变为干酪根,它是不溶解于有机溶剂的有机质。当沉积物不断被埋藏并沉陷到相当深度(一般超过 1 500 m)以后,在 60～120 ℃的最优地温条件下,干酪根转变为石油。若沉积物埋藏深(超过 4 000 m)、地温高(超过 200 ℃),石油就转化成为天然气。

二、干旱地区湖泊的沉积作用

(一)机械沉积作用

因入湖的河流少且水量小,入湖碎屑物有限,因而湖中机械沉积物数量少,三角洲增长缓慢。但因湖水蒸发快,含盐量不断增高,湖泊可演变成盐湖,最后可变成盐沼或泥沼。

(二)化学沉积作用

干旱气候区湖水可得到河流或融雪水补给,很少外流,由于强烈蒸发,湖水的含盐度增大,易转变成咸水。

其沉积作用可出现下列四个阶段。

1. 碳酸盐沉积阶段

在湖水逐渐咸化过程中,首先沉积碳酸盐。其中,以钙的碳酸盐(方解石与白云石)沉积最早,镁、钠的碳酸盐(苏打 $NaCO_3 \cdot 10H_2O$、天然碱 $NaHCO_3 \cdot 2H_2O$)等次之,钾的碳酸盐最后沉积。这一阶段可形成碱类矿床,因此这类湖泊也称为碱湖。此外,这一阶段还可以有较多碎屑物沉积,它们与盐类沉积混合或单独出现。这类湖泊在内蒙古以及黑龙江和吉林两省西部最多。

2. 硫酸盐沉积阶段

由于湖水进一步咸化,溶解度较高的硫酸盐也相继沉积,生成石膏($CaSO_4 \cdot H_2O$)、芒硝（$Na_2SO_4 \cdot 10H_2O$）、硫酸镁石（$MgSO_4 \cdot 2H_2O$）和无水芒硝（Na_2SO_4）等。这些沉积产物多数味甚苦，故此类湖泊常称为苦湖。在此阶段的湖泊沉积中碎屑物较少，石膏、芒硝等可成为独立的夹层。新疆、青海、吉林、内蒙古等地均有这类盐湖。

3. 氯化物沉积阶段

湖水在含盐度超过 24‰～25‰ 时，就转变为天然盐水——卤水，并析出溶解度最大的氯化物，如岩盐（$NaCl$）、光卤石（$KCl \cdot MgCl_2 \cdot 6H_2O$）等，它们的出现标志着盐湖沉积已达最后阶段，这时有极少碎屑物质混入，湖水盐度达 50‰，这种湖泊为盐湖。我国北部和西北部干旱地区盐湖很多。此外，湖水内如含有硼酸盐，它会在氯化物沉积阶段发生沉积，形成硼砂（$Na_2[B_4O_5(OH)_4] \cdot 8H_2O$）。

上述盐类沉积顺序不仅表现在垂直剖面上，也常反映在平面分布上。因为在盐类沉积过程中湖水面积逐渐缩小，因而盐类矿物随其溶解度由小到大而从湖盆边缘到中心成同心圆状分布。例如柴达木盆地边缘的某些小湖，从湖边向湖心，盐类分布依次为碳酸盐、硫酸盐、氯化物。

4. 盐湖干涸与盐层埋藏阶段

经以上三阶段沉积后，盐类矿物基本上已全部沉淀出来，盐湖的生命就此结束。残留盐水只存在于盐晶的粒间孔隙中，称为晶间卤水。

在潮湿季节，可以有少量盐水出现于表层，在干旱季节，湖面全部干涸。这时其他外力地质作用就取代了湖泊地质作用，固体盐层可遭受风化、剥蚀或被其他沉积物所覆盖，成为埋藏的盐矿床。盐湖的化学沉积物不仅是化肥和工业的基本原料，由于它还含有溴、碘、锂、铷、锗等数十种微量元素，因此也是制药、冶金和尖端工业的必要原料。

干旱气候区生物沉积作用不发育。

任务三　沼泽及其地质作用

一、沼泽的概念及其成因

（一）沼泽

陆地上被水充分湿润，并有大量喜湿性植物生长及有机质堆积的地带称为沼泽。沼泽地区生长着大量嗜湿性植物，死亡后不断堆积起来，并被泥沙等掩埋，处于氧气不足环境中，经细菌作用（分解作用）形成泥炭，进一步分解形成褐煤、烟煤、无烟煤。

我国沼泽分布广，面积达 11 万 km^2。沼泽主要分布在湿润气候地区，不论寒带、温带、热带都有，如东北的三江平原、西北的柴达木盆地、四川的松潘草地及藏北芜塘内陆河区，仅四川松潘草地的沼泽面积便可达 2 700 km^2。

沼泽形成的基本条件是：地面低洼，有充分的水分，长期保持水过饱和状态。

（二）沼泽成因

（1）湖泊不断被泥沙淤塞、填高，湖岸植物不断向湖心发展，最终形成沼泽。

（2）在冲积平原三角洲上，洪水泛滥在低洼处形成沼泽。

（3）海湾地区的海岸带也可能形成沼泽。

（4）潜水面靠近地表，在低平的地方形成沼泽。

二、沉积作用及矿产

沼泽中只有处于相对静止状态的小规模水体，因此沼泽的地质作用实质上只有沉积作用，而且主要是生物沉积作用。

沼泽有利于喜湿植物大量繁殖，低等植物（主要是藻类）在缺氧的环境下，经厌氧细菌分解可形成含水很高的絮状胶体物质——腐胶质。腐胶质与黏土和粉砂混合并经过脱水变致密后，即成为腐泥。腐泥经过成岩作用可转变成油页岩。高等植物遗体中的纤维素及木质素等物质，在厌氧细菌的参与下，经过氧化、分解、合成等复杂过程转化为多水的腐殖酸及腐殖酸盐等。这些腐殖物质与沼泽中的泥沙及溶解于水中的矿物质等混合就形成泥炭。泥炭的有机质中含碳量可达60%。泥炭是湖沼在发展和演化中形成及聚集的典型产物。

我国泥炭广泛分布于华北平原、松辽平原、江汉平原和滇西盆地，多是在第四纪形成的。泥炭的用途很多，可做燃料和化工原料，可从中提取焦油、沥青、石蜡和草酸等工业产品，同时泥炭含有大量腐殖质以及氮、磷、钾等元素，也是重要的肥料。

泥炭如果被泥沙等沉积物迅速掩盖，并沉降到一定深处，在温度和压力作用下，将变成褐煤（含C量60%~70%）。

在温度更高和压力更大的条件下，褐煤因其中H、O、N含量减少，C含量增加，就变成烟煤（含C量70%~90%）。

烟煤受到更高的温度和压力作用，就转变成无烟煤（含C量90%~95%）。煤的形成与植物的生长状况、气候以及构造运动等有密切关系，因而成煤作用只能发生在特定的地质时期和适宜地区。

我国是世界上煤藏量极其丰富的国家，已探明的储量占世界第三位。

河北开滦、山西大同、河南平顶山、安徽淮南、辽宁抚顺，都是我国著名的大煤田。其主要成煤时期是石炭纪、二叠纪、侏罗纪和第三纪，分别与孢子植物、裸子植物和被子植物的极盛时期相对应。

煤和石油一样不仅是重要的能源，而且是许多工业的原料。此外，煤中含有的稀有元素往往比一般岩石中的含量多几十倍甚至几千倍，具有重要的经济意义。

小　结

湖泊是陆地上的积水洼地，主要包括湖盆和水体两部分。湖泊地质作用以沉积作用为主，湖泊的沉积作用类型及沉积物的特征与气候有很大关系。陆地上被水充分湿润，并有大量喜湿性植物生长及有机质堆积的地带称为沼泽。沼泽形成的基本条件是：地面低洼，有充分的水分，长期保持水过饱和状态。沼泽的地质作用以沉积作用为主。

思考题

1. 湖泊与沼泽在成因上有什么不同？各形成什么矿产？
2. 湖泊在不同气候条件下形成的沉积物有什么不同？
3. 简述干旱气候下湖泊的化学沉积特征。

项目九　冰　川

【导入】

　　寒冷的高山和高纬度地区常年积雪,积雪经过压实、重新结晶、再冻结等成冰作用而形成了冰川。冰川是极地或高山地区地表上多年存在并具有沿地面运动状态的天然冰体,它具有一定的形态和层次,并有可塑性,在重力和压力下,产生塑性流动和块状滑动,是地表重要的淡水资源。冰川是水的一种存在形式。

　　冰川作用,广义上泛指冰川的生成、运动和后退;狭义上仅指冰川运动对地壳表面的改变作用,包括冰川的侵蚀、搬运和堆积。若供冰量大于消融量,冰川则向前推进,反之向后推进。

【正文】

任务一　冰川的形成与运动

一、冰川的形成及主要类型

　　冰川是高寒地区在重力作用下由雪源向外缓慢移动的冰体(见图9-1)。冰川地质作用是高山和高纬度地区改变地球外貌的主要外动力地质作用。

(一)冰川的形成

　　冰川是由积雪转变成的冰流。终年积雪区的下部界限称为雪线(见图9-2)。雪线以上年降雪量大于年消融量,形成终年积雪区,为冰川的积累区;雪线以下年降雪量小于年消融量,只有季节性积雪,为冰川的消融区。

　　一个地方的雪线位置不是固定不变的,季节变化能引起雪线的升降,这种现象叫作季节雪线。只有夏天雪线位置比较稳定,每年都回复到比较固定的高度,基于此,测定雪线高度都在夏天最热时进行。就世界范围来说,雪线是由赤道向两极降低的。珠穆朗玛峰北坡雪线高度在 6 000 m 左右,而在南北极,雪线就降低在海平面上。雪线是冰川学上一个重要的标志,它控制着冰川的发育和分布。只有山体高度超过该地的雪线,每年才会有多余的雪积累起来。年深日久,才能成为永久积雪和冰川发育的地区。

图 9-1　冰川示意图

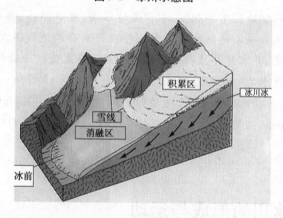

图 9-2　雪线示意图

雪线高度各地不一,主要受下列因素影响:

(1)气温:雪线高度与气温成正比。

(2)降雪量:雪线高度与降雪量成反比。

(3)地形:雪线高度与坡度成正比。

(二)冰川的类型

按冰川的规模大小、外部形态特征等,可将冰川分为大陆冰川和山岳冰川两大类。

1.大陆冰川

两极地区冰川几乎覆盖整个极地,称大陆冰川,又称冰盖冰川。其特点为规模大,主要分布在南极洲、格陵兰和冰岛等地,呈面状分布,不受地形约束。厚度大,南极大陆冰盖面积达 1 300 万 km²,平均厚 2 000 m 以上,最厚达 4 800 m。以年流动几十米的速度流入海洋。

2.山岳冰川

中、低纬度高山区冰川称山岳冰川,又称高山冰川。山岳冰川以亚洲中部山地最发达,喀喇昆仑山系有 37% 的面积为冰川所覆盖,在克什米尔一带有 6 条大冰川,每条长度均超过 50 km。我国的冰川都属于山岳冰川,其特点是规模小,冰层薄,其形成和运动受地形和重力的影响。按其发育规模和形态可分为以下几种类型。

1) 冰斗冰川

冰斗冰川是指发育在山坡或谷源呈围椅状洼地冰斗中的冰川。规模中等,大的面积可达 10 km² 以上,小的不足 1 km²。轮廓近似于卵圆形,有时呈三角形,由冰斗内长期积雪而成,表面常呈凹形,向冰川出口处微倾,但无明显的冰舌,多分布在雪线附近,主要靠冰斗后壁发生的雪崩和冰崩补给。冰体很少向外流动。一旦积累多于消融,冰川便越过前缘流出而漫出冰川。

2) 山谷冰川

山谷冰川由冰斗冰川进一步扩大并注入山谷而形成。

3) 平顶冰川

平顶冰川是在平坦的山脊或山平顶冰川顶面上发育的冰川。有的像白色的冰雪帽子盖在山顶上,规模较小的又称冰帽。它的特点是没有表碛,没有露出冰面的角峰崖。冰川上层是粒雪,下层是冰川冰,一般厚度不大,数量也极少。在中国天山、祁连山、喜马拉雅山和青藏高原北部均有分布。

4) 山麓冰川

山麓冰川往往由多条山谷冰川向山麓作扇形伸展,相互连接而成,为介于山岳冰川和大陆冰川之间的一种类型。

二、冰川的运动

不停地运动是冰川的重要特征,但其运动的速度却非常缓慢,多数观测点的年流速只有数米到数十米。肉眼往往难以觉察冰川的运动。冰川运动的速度是通过固定在冰川上的桩位的变化加以测定的。

1827 年,有个地质工作者在阿尔卑斯山的老鹰冰川上修筑了一座石砌小屋。13 年后,他发现这座小屋向下游移动了 1 428 m。小屋本身是不会移动的,造成小屋移动的原因是小屋的地基随着冰川向下运动。

冰川运动和水流有些相似,中间快,两边慢。要是横过冰川插上一排花杆,不需太长时间就可发现,中间的花杆远远地跑到前面去了,原来呈直线的花杆连线变成向下游凸出的弧线。许多海洋性冰川上出现形象十分奇特的弧形连拱,就是在冰川运动过程中,中间和两边速度不一样而产生的。

冰川运动的原因是物体在受力情况下,为了适应或消除外力,可做三种变形,即弹性变形、塑性变形和脆性变形(或称破裂)。一般物体在受力时都有这三个变形阶段。例如一根弹簧,一般情况下做弹性变形;当受力超过弹性强度时,做塑性变形,弹簧回不到原来的位置;当受力特大超过破裂强度时,弹簧拉断,做脆性变形。但是,这三个阶段有主有从,三个阶段以何种变形为主,取决于材料本身的性质。

任务二 冰川的地质作用

一、冰川的剥蚀作用和冰蚀地貌

(一)冰川的剥蚀作用

冰川对地面的剥蚀作用又称刨蚀作用,是冰川及其所挟带的碎屑等对冰床的破坏作用。其作用方式主要有挖掘作用和磨蚀作用两种(见图9-3)。

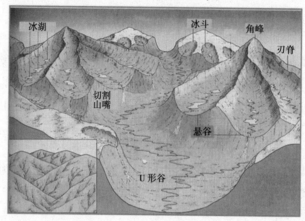

图9-3 冰川的剥蚀作用示意图

1. 挖掘作用

冰川向前运动推进时,使冰床的岩块像被耕犁开掘一般地挖取挟带于运动的冰体内,这种挖掘过程称为挖掘作用。此种作用在基岩节理较发育、冰下风化作用强烈的地段及冰川越过冰阶时,表现更为明显。原因主要是:一方面是冰川本身的重压,另一方面是冻胀作用促使岩石遭受破坏。

2. 磨蚀作用

当冰川运动时,冻结在冰川或冰层底部的岩石碎片,因受上面冰川的压力,对冰川谷底及两侧的基岩进行削磨和刻蚀,其本身也被磨损,称为磨蚀作用。磨蚀作用可在基岩上形成带有擦痕的磨光面,而擦痕或刻槽是冰川作用的一种良好证据,其方向可以用来指示冰川行进的方向。

(二)冰蚀地貌

1. 冰斗

冰斗是一种三面环以峭壁、呈半圆形剧场形状或圆椅状的洼地。雪线附近山坡下凹部分多年积雪边缘的岩石因冻融作用频繁崩坍为岩屑,并在重力作用与融雪径流共同作用下搬运到低处,使地面逐渐蚀低成为洼地,即雪蚀洼地。积雪演化为冰川后,冰川对底床的刨蚀作用使洼地加深,并在前方造成坡向相反的岩槛,同时后缘陡壁受冰川剥蚀作用而后退变高,从而形成冰斗。

2. 刃脊与角峰

刃脊是指由冰斗或两条相邻冰川的槽谷不断扩大、后退,使相邻的冰斗或槽谷间的山脊变成刀刃状,这样的山脊称为刃脊。

角峰是指由几个冰斗所围成的山峰,因冰斗后壁不断后退,使所围山峰成为高耸尖锐的山峰。

3.冰蚀谷

冰蚀谷,在山地区域,当冰川占据以前的河谷或山谷后,由于冰川对底床和谷壁不断进行剥蚀和磨蚀,同时两岸山坡岩石经寒冻风化作用不断破碎,并崩落后退,使原来的谷地被改造成横剖面呈抛物线形状,这样更有效地排泄冰体。这种形状的谷地又称为 U 形谷或槽谷。

4.羊背石

羊背石(见图9-4)也叫羊额石,是由冰蚀作用形成的石质小丘,特别在大陆冰川作用区,石质小丘往往与石质洼地、湖盆相伴分布,成群地匍匐于地表,犹如羊群伏在地面上一样,故称羊背石。它由岩性坚硬的小丘被冰川磨削而成。顶部浑圆,形似羊背,具有卵形的基部。长轴延伸的方向和冰川运动的方向一致。纵剖面前后不对称:迎冰坡一般较平缓和光滑,背冰坡较陡峻和粗糙。多数羊背石分布的地区,地面呈波状起伏。原因是平的一面以磨蚀为主,而陡的一面以挖蚀作用为主,且有洞穴。羊背石的长轴方向与冰川运动的方向平行,因而羊背石也可以指示冰川运动的方向。

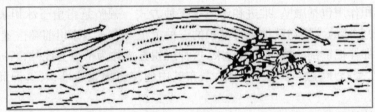

图9-4 羊背石

二、冰川的搬运与沉积作用

(一)冰川的搬运作用

冰川将剥蚀的产物及坠落冰面的风化物一起冻结于冰体中,像传送带一样将它们带到冰川下游和末端,称为冰川的搬运作用(见图9-5)。被冰川搬运的物质称为冰运物。冰川的剥蚀和搬运是同时进行的。其搬运方式主要有载运和推运两种。

冰川运动时,冰川内部和表面的碎屑物都会随冰川迁移,犹如传送带传送物体,这种搬运方式叫载运。载运是冰川搬运作用的主要方式。冰川载运物的移动路线是由冰川冰质点的运动轨迹决定的。由于冰床是不平整的斜面,冰川冰质点的运动轨迹随冰床形态的变化而变化。在冰床凸出部位,冰体受引张应力,上覆冰层对下伏冰层沿两者间倾斜界面向下滑动;而在床面凹陷部位,冰层受挤压应力,上覆冰层对下伏冰层沿两者间倾斜界面朝上逆冲。因此,位于冰川底部的碎屑物也可以上升到冰面上。此外,冰川冰质点的运动轨迹在平面上可以做侧向散射,散射角一般为 2°~10°,最大达 20°~60°。推运是冰川前端以巨大的推力将冰川前端地面上岩屑向前推进,这种搬运方式只发生在冰川前端位置前进的条件下。由于冰川是固态物质,冰运物相对位置在搬运途中很少变化,因此冰川搬运作用不具有按大小、比重的分选现象。

图9-5　冰川的搬运作用

冰川搬运的特点如下：

（1）被搬运物与冰固结在一起搬运，搬运过程无分选，绝大部分无摩擦（无磨圆）。

（2）山岳冰川搬运距离不长，搬运能力很强，可将直径数十米的巨石运走（称为漂砾）。大陆冰川范围广，搬运距离长，冰山能将大量粗大碎屑物带入深海沉积。

（二）冰川的沉积作用与冰碛物

冰川的沉积作用包括融坠、推进和停积等三种方式。融坠是指由于冰川表层或边缘部分消融，从其中散落的碎屑物就地进行堆积的一种沉积方式。当冰川前端位置向前推移时，它会像推土机那样把铲刮的物质堆积起来，这种沉积方式称为推进。此外，若冰川在运动途中遇到障碍物，受挤压，融点降低而融化，散布其中的碎屑物就地堆积，这种沉积方式称为停积。

由冰川直接堆积的沉积物称为冰碛物，具有层理不明显、碎屑大小混杂、磨圆度差等特点。冰碛物常构成一系列堤形地貌。沉积在冰川两侧谷坡上的冰碛（堤）叫侧碛（堤）。组成侧碛的冰碛主要由融坠产生。有些地区谷坡不同高度上存在多道侧碛（堤），反映它们或是同一冰期不同融化阶段的产物，或是不同冰期的产物。沉积在冰舌前端的冰碛（堤）称终碛（堤），又称前碛（堤）或尾碛（堤）。它是冰川处于暂时稳定时期，冰川前端的补给量与消融量达到平衡的条件下沉积的。有些地区存在多个终碛（堤），同样反映它们可以是同一冰期，也可以是不同冰期的产物。终碛（堤）的位置和大小可以指示冰川前端曾经停滞的位置和持续的时间。侧碛（堤）末端常与某个终碛（堤）相连，则证明它们是同一次冰川融化阶段的产物。此外，冰川前端向前推进过程中可能形成新的终碛，即由推进堆积的产物覆盖于老的终碛之上；也可能破坏老的终碛。沉积在冰床底部的冰碛称底碛（又称下碛），它是停积作用产生的。冰川融化后，原来分布在冰川表面和内部的冰碛物坠落到原先形成的底碛之上，称基碛。

冰碛物的主要特点如下：

（1）全由碎屑物组成，绝大部分碎屑棱角分明。

（2）大小混杂，无分选性，砾石与黏土共存。有时含有寒冷型生物化石。

（3）有的冰碛砾石表面具有磨光面和擦痕，冰川擦痕常具平行的或交叉的钉头鼠尾形。具有擦痕的冰碛石称为条痕石。

（4）不具有层理构造。

（三）冰碛地貌

1. 冰碛丘陵

由于冰体融化，原来的表碛、内碛、中碛都沉落在底碛上，称为基碛，在地表形成波状起伏的冰碛丘陵。有些则沿谷地两侧形成中碛堤和侧碛堤。

2. 终碛堤

当冰川的补给和消融处于平衡时，即冰前位置稳定，大量冰碛物被送到冰川前端堆积构成的弧形高地。终碛堤的位置指示冰川前端所到的边界，可以推知古冰川活动的范围和运动特点。

3. 侧碛堤

侧碛是冰舌两旁表碛不断由冰面滚落到冰川与山坡之间堆积起来的，有一部分则是山坡上的碎屑滚落到冰川边缘堆积而成的。冰川退缩后，在原山岳冰川两侧形成条状高地即侧碛堤。

4. 鼓丘

鼓丘是一种主要由冰碛物组成的流线型丘陵，平面上呈蛋形，长轴与冰流方向一致。一般高度数米至数十米，长度多为数百米。鼓丘内有时含有基岩核心，形如羊背石，它局部出露于迎冰坡，或完全被冰碛物所埋葬。鼓丘在山岳冰川作用区中很少见，但在大陆冰川区则往往成群地分布于终碛堤内不远的地方。

三、冰水沉积物及其地貌特征

冰水是由冰川融化产生的水，这种融化作用可发生于冰面、冰内和冰底。冰水活动在冰前区和消融区都是很活跃的。由冰水搬运和堆积的沉积物称为冰水沉积物。

冰水沉积物常构成以下特征性地貌。

（一）冰水扇

冰川融水从冰川的两侧（冰上河）和冰川底部流出冰川前端或切过终碛堤后，地势变宽、变缓，形成冰前的辫状水流，冰水挟带的大量碎屑物质就沉积下来，形成了顶端厚、向外变薄的扇形冰水堆积体，叫作冰水扇。

（二）纹泥

纹泥又称季候泥，是在冰川前缘洼地由冰水注入湖泊而形成的纹层状沉积。一般夏季较粗（浅色）、冬季较细（深色），两者构成一个年层，据此可推算冰川沉积的年代。

（三）蛇形丘

蛇形丘是狭长而曲折的高地，两坡对称且较陡，蜿蜒如蛇形，由砾石和粗砂构成并具有一定的分选性和不规则的交错层理。它是在冰体下部的冰融隧道中由冰融水将冰碛物冲刷、搬运并再堆积而成。

小 结

1. 按冰川的形态、规模和所处地形条件，可将冰川分为大陆冰川和山岳冰川两类。

2. 冰川的剥蚀作用包括挖掘作用和磨蚀作用两种方式。

3. 冰川将剥蚀的产物及坠落冰面的风化物一起冻结于冰体中，像传送带一样将它们带到冰川下游和末端,称为冰川的搬运作用。

思考题

1. 冰川运动的特征有哪些?
2. 冰川剥蚀作用形成的地貌有哪些?
3. 冰碛物的特征有哪些?
4. 冰碛地貌类型有哪些?
5. 冰水沉积物形成的地貌有哪些?
6. 冰川作用的影响和成因有哪些?

项目十　风

学习目标

　　了解风的剥蚀、搬运、堆积作用,初步掌握荒漠的类型与特征。

【导入】

　　风也是一种地质营力,它对地表和岩石的破坏作用极其巨大,所形成的地貌千奇百怪、形象各异,沙漠、戈壁、黄土高坡、沙尘暴等产物都是风作用的结果。

【正文】

　　风是空气由气压高处向气压低处做近水平运动的现象。风具有一定的动力,可破坏岩石,并能搬运堆积砂和尘土。风的地质作用一般发育在干旱沙漠地区、植被稀少的沙质海岸和河谷地区。在气候潮湿、地面植被茂密的地区,植物保护了地面,风的地质作用比较微弱。在干旱半干旱地区,植物稀少,地面干燥,松散的物质易被风吹动,且干旱地区气温和气压变化大,风多而大,风的地质作用强烈。我国沙漠和戈壁面积约占全国总面积的 11.4 %,风是这些地区主要的地质作用之一。

任务一　风的剥蚀作用

一、风蚀作用方式

　　风和其挟带的砂土对地表岩石进行破坏的作用,称为风的剥蚀作用,简称风蚀作用。风蚀作用包括吹蚀(吹扬)和磨蚀两种方式。

(一)吹蚀(吹扬)作用

　　吹蚀(吹扬)作用是风以自身动力使地面岩石遭到破坏,并将地面松散物吹起的作用。吹蚀(吹扬)作用的强度取决于风速和地面状况。

(二)磨蚀作用

　　风吹起的碎屑物对地面的岩石进行冲击和摩擦,称为风的磨蚀作用。磨蚀作用强度取决于风力的大小、地面岩石性质。风速越大,地面岩石越松散,扬起的碎屑物就越多,而且颗粒大,磨蚀作用越强烈。砾石常被磨蚀成多个磨光面,而且边棱清晰鲜明,这种石块称为风棱石(见图 10-1)。风棱石是风蚀作用的产物,可以作为识别古干旱气候或古沙漠环境的重要标志。

图 10-1　风棱石

二、风蚀地貌

在风和其他外动力共同作用下,风蚀作用可形成一些特殊的风蚀地貌(见图 10-2),最常见的风蚀地貌有以下几种。

(a) 风蚀蘑菇

(b) 风蚀柱

(c) 风蚀残丘

(d) 风蚀城堡

图 10-2　风蚀地貌

(一)蜂窝石和风蚀穴

岩性不均一的岩石由于硬度不等,被磨损成表面具蜂窝状小坑,叫蜂窝石。将岩石中较软的部分磨蚀成坑后,进一步通过风、砂的旋磨作用加深成洞,称为风蚀穴。

(二)风蚀蘑菇与风蚀柱

因气流在近地面部分所含的砂粒较多,一些孤立突出的岩石近地面处被磨蚀较多,形成上大下小的蘑菇状地形,称为风蚀蘑菇。垂直节理发育的岩石经长期风蚀后,形成孤立的柱状岩石,称为风蚀柱。

(三)风蚀谷

早期小冲沟经风蚀作用加宽加深,形成大小不等、纵横交错、杂乱无章、形状不规则的沟谷。

(四)风蚀残丘

由风蚀谷不断扩展所残留下的许多岛状高地或孤丘叫风蚀残丘。

(五)风蚀城堡

风蚀残丘的岩层产状近水平,软硬岩层相间,垂直节理发育,形成顶部平坦、四壁陡峭外形似古城堡状的残丘,称为风蚀城堡。

(六)风蚀洼地

地面由松散物质组成,因风蚀作用而形成的洼地,称为风蚀洼地。洼地的底面若下降达到地下水面,可形成风成湖泊,成为沙漠中的绿洲。

(七)雅丹地貌

雅丹最初来自新疆孔雀河下游的雅丹地区,维语意即"陡峭的土丘"。雅丹地貌是湖相的土状堆积物发育的风蚀土墩、风蚀洼地相间的地貌组合。它们广泛分布于我国的罗布泊地区。

任务二　风的搬运作用

风将剥蚀产物搬运至他处的作用,称为风的搬运作用。由于气体的密度比较小,故搬运力较小,仅能搬动砂级以下的颗粒,但作用范围广,所以搬运数量仍较大。风的搬运能力一般与风力的大小成正比,与碎屑物的粒度大小成反比。由于风力的强弱、被搬运物质的大小和密度不同,风的搬运方式有悬移、跃移和蠕移。

一、悬移

砂粒在风的吹扬下,悬浮于气流中移动的方式,称为悬移(见图10-3)。搬运距离主要与颗粒直径大小有关,在搬运过程中,搬运物在垂直方向上距离地面越近,颗粒越粗,在水平方向上颗粒越粗,搬运距离越近,因此颗粒细的物质会被搬运至很远的距离。粒径小于0.2 mm的砂粒以悬移方式被搬运。

二、跃移

砂粒在风的作用下向前跳跃移动,称为跃移(见图10-3)。跃移是风的搬运作用中最主要的方式,其搬运量约为总搬运量的70%~80%。跃移物多是粒径为0.2~0.5 mm的砂。

三、蠕移

砂粒沿着地面滚动或滑动,称为蠕移(见图10-3),在风速较低或地面砂粒较大时,它们时行时止,每次只能移动几毫米。蠕移的搬运量占风力总搬运量的 20% 左右。一般粒径大于 0.5 mm 的物质以蠕移的方式被搬运。

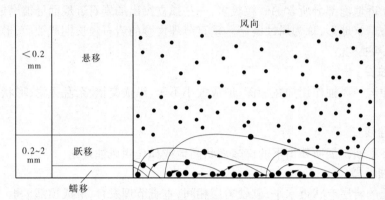

图 10-3　风的三种搬运方式

跃移和蠕移的物质主要是 0.2 ~ 2 mm 的砂,它们主要富集在离地面高度 30 cm 以下,其搬运距离一般较近。

风的搬运具有分选性和磨圆性,搬运距离越远,颗粒磨得越细、越圆,常被磨成毛玻璃球状。

任务三　风的沉积作用

风搬运的物质,由于风速的减小或遇障碍物发生沉降堆积,形成风积物。其堆积过程称为风的沉积作用。

一、风积物的特点

风积物主要是砂、粉砂以及少量黏土级的碎屑物,粒度在 2 mm 以下。颜色多样,但主要为黄色、灰色、红色等;具有极好的分选性,从风源地开始,沿着风的前进方向,沉积物由粗变细;具极高的磨圆度,砂粒常被磨成毛玻璃球状;碎屑中矿物成分以石英、长石等为主,还可见到一定数量的辉石、角闪石、黑云母等;常见有规模极大的斜层理和交错层理,其形成与风积物移动形式有关。风积物有两种:一种是由粗粒砂堆积的风成沙,另一种是由细粒尘土堆积的风成黄土。

二、风积地貌

风积地貌主要有两类:一类由风成砂堆积的地貌——沙漠,另一类为粉砂和尘土堆积的地貌——风成黄土。它们在空间分布上具有分带性,粗的碎屑物首先堆积下来形成沙漠,随后是细砂、粉砂,最后堆积的是黄土。

(一)沙漠

在气候干旱地区,风成沙往往大面积覆盖于地面,形成沙漠。风成沙成片分布,在风力作用下形成沙堆及各种沙丘。平面上沙丘常呈新月形,沙丘两侧有顺风向延伸的近似对称、略向内弯曲的两个尖角,两坡不对称,迎风坡平缓微凸,其坡度缓,背风坡坡形微凹,坡度陡,新月形沙丘是在单向风的不断改造下形成(见图10-4)的。风搬运过程中,沙丘的迎风坡遭受侵蚀,沙粒从迎风坡向前运动到背风坡处向下滑落,形成稳定的坡面沉积下来。

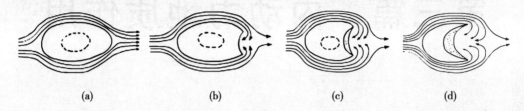

(a)   (b)   (c)   (d)

图10-4 新月形沙丘的形成

风的不断吹蚀和搬运可使沙丘逐渐向前移动,如果风向不改变并继续这种作用,则形成沙漠中的交错层理。

(二)风成黄土

风将悬移的细粒物质搬运至干旱半干旱地区,随着风力的减弱而沉降下来,即形成黄土。风成黄土为棕黄色的疏松多孔的土状堆积物,垂直节理发育,主要矿物为石英、长石和碳酸盐类矿物。当风成黄土经过再次剥蚀搬运沉积形成黄土,称为次生黄土。

黄土主要分布在沙漠的外围、半干旱气候区的草原地带。世界上黄土分布面积占整个陆地面积的1/10,我国是黄土分布较多的国家,主要集中在阴山以南、秦岭以北的辽阔地区,包括山西、陕西、甘肃、青海、宁夏等省(自治区),主要围绕沙漠由西北到华北直到东北呈弧形带状展布。一般厚度为30~100 m,最大厚度可达400 m,西北厚,东南薄,最大厚度在陕西、甘肃一带。

小　结

1.风自身的力量和所挟带的砂土对地表岩石进行破坏的地质作用,称为风的剥蚀作用。风蚀作用包括吹蚀和磨蚀两种作用方式。

2.风蚀地貌主要有风蚀洼地、风蚀谷、风蚀残丘、风蚀蘑菇与风蚀柱、风蚀穴、风蚀城堡等。

3.风的搬运能力极强,一般与风力的大小成正比,与碎屑物的粒度大小成反比。风的搬运方式以悬移、跃移和蠕移三种方式进行。

4.风搬运的物质,由于风速的减小或遇障碍物发生沉降堆积,形成风积物。其堆积过程称为风的沉积作用。风积地貌主要有沙漠与风成黄土。

思考题

1.影响风蚀作用强度的主要因素有哪些?

2.风蚀作用可以形成哪些类型的风蚀地貌?

3.风的堆积方式及其堆积物有何特点?

4.黄土的一般特征有哪些?

5.研究风的地质作用有何意义?

第三篇　内动力地质作用

项目十一　构造运动

学习目标

　　本项目要求了解构造运动的基本特征、构造运动的空间分布特征及发展规律,掌握构造运动的证据等方面的知识。

【导入】

　　在野外常常可以看到倾斜的岩层或波状起伏、弯曲的岩层,以及错开、断开的岩层,说明地壳发生了构造变形。地表的形态变化、大地测量、沉积地层的厚度、岩相的变化等,都表明了地壳的相对运动,说明地壳当时处于上升或是下降的地质环境。

【正文】

任务一　构造运动的基本特征

　　构造运动是指地球内力所引起的岩石圈的变形、变位以及洋底的增生和消亡的地质作用。构造运动直接影响着岩浆作用、变质作用和沉积作用,推动着地壳的演化,是内动力地质作用的重要组成部分。构造运动是引起地壳升降、岩石变形、变位,以及地震作用、岩浆作用、变质作用乃至地表形态变化的主要因素。它不但决定了内力地质作用的强度和方式,而且直接影响了外力地质作用的方式,控制了地表形态的演化和发展。

　　构造运动可以按照空间、时间的属性两个方面进行划分。按照地壳运动方向划分为垂直运动、水平运动。按照构造运动发生的时期划分为晚第三纪以来的构造运动、新构造运动和晚第三纪以往的构造运动、古构造运动,也把人类有历史记载以来的构造运动称现代构造运动,如喜马拉雅运动。

一、构造运动的方向性

(一)水平运动

沿平行海平面方向的运动,即沿地球球面切线方向的运动称为水平运动。表现为岩石圈的水平挤压或水平引张,使岩层发生褶皱和断裂,可造成地质体的巨大位移,表现为岩石圈的挤压、扩张、剪切,甚至形成巨大的褶皱山系或巨大的地堑和裂谷。例如板块的运动、平移断层的运动、逆冲推覆构造、伸展构造等。东太平洋中脊的门多西诺转换断层,由南北两侧磁条对比得出的平移错距达 1 160 km;中国的郯庐断裂,在中生代时期平移达 500 km 以上。

(二)垂直运动

沿垂直海平面方向的运动,即沿重力方向或地球半径方向的运动,称为垂直运动。一般表现为大面积的上升运动和下降运动,形成大型的隆起和拗陷,引起海侵和海退。

一般来说,垂直运动易于识别,但垂直运动比水平运动缓慢。在同一地区的不同时间内,上升运动和下降运动常常交替进行。另外,垂直运动总是此起彼落。在大陆内部,垂直运动可以通过大地水准测量来发现。在海边可以利用各种标志来验证,如意大利那不勒斯湾海岸赛拉比斯神庙前的三根大理石柱,就因地壳的升降一度没入海中,人们就根据海生动物在柱上的钻孔痕迹来判断地壳升降的幅度(见图 11-1)。

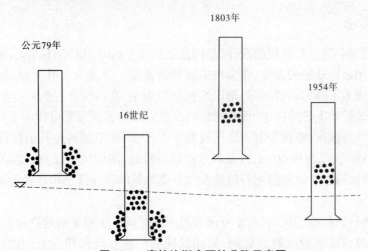

图 11-1 赛拉比斯庙石柱升降示意图

水平运动和垂直运动是岩石圈空间变形的两个分量,它们总是相伴而生的。同一地区构造运动的方向随着时间的推移而不断变化。某一时期以水平运动为主,而另一时期则以垂直运动为主,它们是相互联系、相互制约的,常常兼而有之。

二、构造运动的速度和幅度

构造运动的速度和幅度是不均匀的,不同地区、不同时间、不同运动方式表现不同。

构造运动的速率有快有慢,但多数是长期缓慢的运动。快的时候人们可以感觉到,比如地震,慢的时候人们很难察觉,许多构造运动的速率都在每年几厘米幅度以下,一般是不为人所能感觉到的,是相当缓慢的。低速率的构造运动是岩石圈运动的主要表现形式,但是在时间的积累下,它可使地球表面发生翻天覆地的变化。例如喜马拉雅山,在 4 000 万年前还是一片汪洋,今日却成了世界屋脊。第三纪以来,每年平均上升 0.05 cm。1862～1932 年的 70 年间,平均每年上升 1.82 cm,近些年来上升速度还在增加。

构造运动的幅度也有大有小,一般来说,水平运动的幅度要大于垂直运动的幅度;构造活动地区要大于构造稳定地区。构造运动的幅度(指位移量),是随时间和地点而变化的。运动的幅度与运动的方向和速度有关。不论是垂直运动还是水平运动,只要运动方向不变,时间越长运动幅度越大,同一时间内,速度越快,运动幅度越大,如喜马拉雅山。自开始上升以来,幅度已超过 10 000 m。相反,像江汉平原地区,根据那里的上第三系和第四系沉积物厚度计算,却下降了 1 000 m 左右。

如果构造运动在一定的时间间隔内,运动方向频繁变化,时而上升时而下降,或者做往复水平运动,那么地质历史记录反映运动幅度不大。一般来说,构造运动的幅度大小直接反映着一个地区地壳的活动性。

任务二　构造运动的证据

构造运动,特别是地史时期的构造运动留下了许多生动的地质记录。这些记录主要包括地貌、地质多方面的遗迹,是认识和研究构造运动的重要标志。

一、地貌标志

构造运动过程必然引起地貌的改变,新构造运动发生的时间距今不太久,地貌证据多保存较好,故可采用地物地貌的方法,作为构造运动的证据。表现为上升运动的地区,则以剥蚀地貌为主,表现为下降运动的地区,则以堆积地貌为主,高山深谷、河谷阶地、多层溶洞的出现,作为新构造运动上升的标志,埋藏阶地的出现以及冲积平原等可作为下降的标志。例如,广州七星岗的海蚀崖,距现今海岸线已有数十千米远;辽宁熊岳望儿山保存的海蚀崖已远离海岸约 10 km,高出海面 60 m,以及各地的河谷阶地、深切河谷以及干溶洞等都是构造运动使地壳上升的标志。埋藏的河谷阶地及水下森林等的存在则是构造运动使地壳下降的证据。

现在正在进行的新构造运动,由于不能在较短的时间产生明显的地物地貌标志,不易被人们察知,但通过精密测量仪器的观测,便能发现一些地方高程和位置(经纬度)的变化。利用这种方法不仅可定量地确定出构造运动的速度和幅度,还可准确地确定出运动方向。例如,1967 年在冰岛洋脊裂谷两侧设置标杆,用精度很高的激光测距法进行重复测量。几年后再次测定这些标杆位置时,发现标杆间的距离增大了 5~8 cm,表明裂谷两侧正以每年不到 1 cm 的运动速度拉开;美国西部的圣安得列斯大断层,经大地测量结果,发现断层两侧相对错动的速度大约每年为 4 cm,现在该断层错开的距离已超过 1 000 km。

二、地质标志

所谓地质证据,就是通过古风化壳、沉积物或沉积岩的厚度、岩相变化、褶皱和断裂以及地层接触关系等来了解构造运动的状况,是识别古构造运动的主要依据。

(一)古风化壳

风化壳形成之后,如果被后来的沉积物所覆盖,则可以保存起来,被保存下来的地史时期的风化壳称为古风化壳。古风化壳的存在,代表地壳长期处于相对稳定或缓慢上升状态,是长期遭受风化的结果;同时,也说明地壳处于大陆环境,而且相对高差较小。

(二)岩相及厚度变化

岩相是指沉积岩生成时的自然环境、物质成分、结构构造以及所含生物的特征在岩石上的总体表现。比如说,地壳上升,沉积物的粒度变粗,厚度变小,甚至没有沉积物,而使地表遭受风化剥蚀(这是海退);如果地壳下降,沉积物的粒度变细,厚度加大(这是海进)。如果地壳运动活动频繁,交替出现,自然沉积物的粗细就复杂多变。反之,如果地壳运动相对稳定,沉积物就趋于简单化。

总之,沉积岩的岩相变化,就意味着地壳运动的方向、速度变化;沉积岩的厚度变化反映了升降运动的幅度。

如果同一种沉积岩在浅海中沉积,当沉积的厚度超过浅海深度,若超过越多,说明地壳下降幅度越大;反之,如果同一种沉积岩沉积很薄,甚至产生缺失,这就说明该地区相对上升的幅度很大,也意味着该地区已露出水面。

(三)地层的接触关系

地层的接触关系很重要,因为它是构造运动的集中表现。常见的地层的接触关系有整合、平行不整合(假整合)和角度不整合三种形式。

1. 整合

整合指两套地层时代连续,岩层之间产状一致,互相平行,这说明它们在沉积时,其间没有发生间断现象。尽管有过升降运动的交替,但沉积物没有停止过。

2. 平行不整合(假整合)

平行不整合指两套地层重叠,产状基本一致,但时代不连续,其间缺失某些时代的沉积物(或地层)。这种接触关系说明其间发生过升降运动,而且变为陆地遭受侵蚀,使两套地层之间出现凹凸不平的侵蚀面,这个面叫不整合面。缺失的地层时代,就是地壳上升的时期[(见图 11-2(a)]。

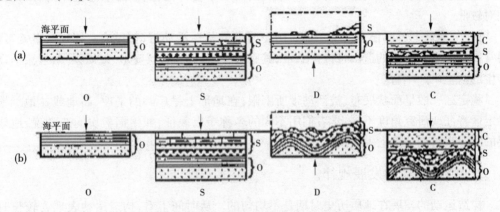

O—奥陶系;S—志留系;D—泥盆系;C—石炭系

图 11-2　平行不整合和角度不整合的形成过程示意图(箭头指示构造运动方向)(据李淑达,1983)

3. 角度不整合

角度不整合指两套地层的接触既不相互平行,地层时代又不连续,其间有地层缺失(沉积物发生过间断),这说明在第二套地层形成以前,曾发生过水平挤压运动和上升运动,使上下两套地层间成交角接触[见图 11-2(b)]。

(四)变形记录

构造运动造成的最直观的结果是构造变形。岩石或岩层在构造力学作用下,发生弯曲或断裂,形成褶皱和断层,构造变形的结果称为地质构造。除褶皱和断层外,还包括裂隙构造、劈理、线理等。

■ 任务三　构造运动的空间分布特征及发展规律

一、构造运动的空间分布特征

不同地区构造运动的强度明显不同,从全球看,岩石圈可分为活动带和稳定区两种不同类型。地质历史上活动带多为古板块边缘,而稳定区多为古板块核心。

现代活动带在形态上呈在一个方向上延伸的带状,具有全球规模的活动带有以下三条。

(一)环太平洋构造带

环太平洋构造带由环太平洋周边的山系、海沟、岛弧和弧后盆地等组成,是岩石圈构造活动最为活跃的地带。我国东部地区属于这一构造带范围,火山、地震和构造活动十分活跃。

(二)特提斯构造带

特提斯构造带西起美洲东部的加勒比地区,向东跨过大西洋到地中海及阿尔卑斯山,再往东经喜马拉雅山到横断山,然后转向东南,通过东南亚后与环太平洋带汇合。这是一个巨大的构造活动带,以地壳的缩短构造运动和火山、地震活动为主要特征。

(三)大洋中脊带

全球最大规模的活动带,以火山和地震活动为主要特征,因被海水覆盖,对其研究程度相对较低。

此外,地球上还有很多发生在地质历史时期的构造活动带,如昆仑—祁连—秦岭带等,通常被称为某某时代的造山带或褶皱带,其底层厚度巨大,岩层变形、变质强烈,岩浆活动及伴生的内生矿产丰富。

稳定区一般呈面状展布,被活动带所围限;在地形上呈广阔的平原、高地或盆地。根据稳定区特征或研究角度不同,学者们用不同的名称予以表征,如根据板块构造学说,地球上层的岩石圈可划分为七大板块。

二、构造运动的发展规律

构造运动的发展在地质历史时期是不均匀的。从时间上看,构造运动表现为较长时间的平静时期和较短暂的剧烈活动时期的交替出现,即呈现运动的周期性。在平静时期,构造运动常表现为缓慢的升降运动,运动速度和幅度很小,可引起海水进退,海陆变迁。在剧烈活动时期,构造运动表现为大规模褶皱、断裂、岩浆侵入,地壳急剧升降,形成雄伟的山系,此时亦称为造山运动。

构造运动的平静期和活动期是相对的。平静期中有活跃的时候,活动期间也有平静的时候。同时,某一活动期也不一定具有全球的同时性,可能仅具有局部意义。波及全球的地壳强烈运动在地史上只有为数有限的几次。自古生代以来,发生了早古生代末的加里东运动,晚古生代末的海西运动,中生代时期的阿尔卑斯运动,在中国表现为印支运动和燕山运动,及第四纪以来发生的喜马拉雅运动。

小　结

1. 构造运动是引起地壳升降、岩石变形、变位,以及地震作用、岩浆作用、变质作用乃至地表形态变化的主要因素。

2. 水平运动和垂直运动是岩石圈空间变形的两个分量,它们是相互联系、相互制约的。

3. 构造运动的速度和幅度是不均匀的,不同地区、不同时间、不同运动方式表现不同。

4. 构造运动,特别是地史时期的构造运动留下了许多生动的地质记录。地貌证据主要有多级夷平面、多级河流阶地、溶蚀地貌等;地质证据主要有古风化壳、沉积物或沉积岩的厚度、岩相变化、构造变形以及地层接触关系。

5. 构造运动的空间分布,在不同地区构造运动的强度明显不同,可分为活动带和稳定区两种不同类型;构造运动的发展在地质历史时期是不均匀的,表现为比较长时间的平静时期和比较短暂的剧烈活动时期的交替出现。

思考题

1. 简述平行不整合及角度不整合的形成过程。

2. 构造运动的地质证据有哪些? 试举例说明。

3. 构造运动的基本特征有哪些?

4. 构造运动的地貌标志有哪些?

项目十二　地震作用

【导入】

地震是一种内动力地质作用。地震产生的能量给人类带来巨大的危害,如我国的唐山大地震和汶川地震。本项目将带领大家学习地震是如何产生的、如何做好地震预报等问题。

【正文】

任务一　地震的性质

地震是地球的快速震动。当地球内部能量积累到一定程度时,就会以地震、火山等形式向外释放能量,因此地震属于内力地质作用。地震的孕育、发生和产生余震的全部过程称为地震作用。

据不完全统计,全世界每年发生的地震约 500 万次,其中绝大部分不被人类所察觉,大约只有 5 万次人类能够感觉到,称为有感地震,而造成破坏的强烈地震每年仅有十几次。强烈的地震能导致山崩地裂、地面沉降和隆起、地表错位、河道阻塞或决堤、建筑物倒塌或堤毁。

地震是通过岩石的弹性波形式进行传播的,称为地震波。地震波按传播方式分为纵波(P 波)、横波(S 波)和面波(L 波)。纵波是质点振动方向与波的传播方向一致,在固、液、气态介质中均能传播,传播速度快,一般为 5.5 ~ 7.0 km/s,最先到达震中,地震时总是最先发生上下振动,破坏力相对较弱。横波是质点振动的方向与波的传播方向垂直,仅能在固体中传播,传播速度一般为 3.2 ~ 4.0 km/s,到达震中时,地面发生左右或前后抖动,房屋遭受破坏,破坏力强。纵波和横波在介质体内传播,故叫体波。面波由纵波与横波在地表相遇后激发产生。振动方式兼有纵波、横波的特点,仅沿地表面传播,不能传入地下,传播速度比横波几乎小一倍,波长长,振幅大,是造成建筑物强烈破坏的主要因素。

一、地震的类型

地震波产生的原因是多方面的,据此地震可分为以下几种类型。

(一)构造地震

构造地震是由于构造运动使岩石圈变形突然发生错断引起的,深度不一、危害最大,

59%的构造地震分布于活动断裂带及附近。构造地震是地球上发生次数最多的地震,其规模大、持续时间长、破坏性强,地球上约90%的地震和最大的地震都属构造地震,是自然灾害中危害最为严重的一种。我国汶川地震就发生在龙门山的主断裂上,属于构造地震。

(二)火山地震

火山地震是由火山喷发引起的,分布于火山活动带,影响范围不大,多属浅源地震,这类地震数量不多,约占地震总数的7%。1959年,夏威夷基拉韦厄火山爆发之前几个月就发生了一连串的地震。

(三)陷落地震

陷落地震是由地面塌陷、崩落等作用引起的,多发生于石灰岩地区,由于岩石长期被地下水溶蚀,形成地下溶洞,溶洞不断扩大,洞顶失去支撑力而发生塌陷,引起地表振动形成地震。这类地震规模很小,一般不超过几平方千米,强度极弱,破坏性也不大,约占地震总数的3%。

发生在海底的地震称为海震。发生海震时,由于海底岩石突然破裂和位移以及地震波的作用引起上覆海水的运动,产生具有强大破坏力的海浪,称作海啸。海啸能以700~800 km/h的速度穿过大洋,破坏力极大。

此外,还有由于人工爆炸、水库蓄水、深井注水和矿山开采等而引发的地震。

发生地震时,震源到震中的距离称为震源深度。按照震源深度可以将地震分为深源地震(震源深度为300~700 km)、中源地震(震源深度为70~300 km)和浅源地震(震源深度<70 km)。破坏性最大的地震都属于浅源地震,它约占全球地震总数的90%,而且其震源多集中在5~20 km的深度范围内。我国唐山地震的震源深度只有12 km,汶川地震的震源深度也只有15 km,因此产生巨大的破坏力。

地震很少独立发生,在一个区域内常断断续续发生多次强弱不同的地震,最强烈的一次地震称为主震,主震之前的一系列地震称为前震,主震之后的一系列地震称为余震。我国汶川地震记录到2.7万多次余震,其中6级以上的余震8次,最大余震为6.4级,5级以上余震41次。

二、震源和震中

地壳内部或地幔中发生震动的地方称为震源。震源在地面上的垂直投影点称为震中,它是地表的地震中心。地面上受地震影响的任何一点到震中的距离,称为震中距。

三、震级和烈度

地震强度有地震震级和地震烈度两种方法表示。

(一)地震震级

震级是表示一次地震能量的大小,取决于地震释放的能量,释放的能量越大,地震的震级越高。目前,世界各国均采用里氏震级(M_L)表示地震的大小。其震级的计算是取距震中100 km处由标准地震仪记录的地震波最大振幅的对数值。振幅的单位为μm。如最大振幅值为10 mm,即10 000 μm,其对数值为4,地震震级即为4。一次地震只有一个震级。震级每增加一级,能量大约增大30倍左右。目前,已知最强地震的震级是8.9级。其释放的能量为1.4×10^{18} J,接近于27 000颗广岛原子弹释放的能量。震级与释放能量的关系是:

$$\lg E = 11.8 + 1.5M$$

式中 E——地震总能量；

       M——震级。

5 级以上地震就会造成不同程度的破坏,称为破坏性地震。2 级以下地震在一般情况下人们感觉不到。

(二)地震烈度

地震对地面及建筑物破坏的程度,称为地震烈度。它与震级大小、震源深度及该地区的地质构造有关。我国目前使用的是Ⅻ度烈度表(见表 12-1),其中Ⅵ度以上烈度的都具有破坏性,最高为Ⅻ度,是毁灭性破坏的。同一次地震只有一个震级,但在不同地区造成的破坏程度却不同,因此具有不同的烈度,震中区破坏最厉害,烈度最高,离震中越远,烈度越低。烈度相同点的连线,称为等震线。由于地表各处地质条件不均一,破坏程度也不一样,因而等震线并不是规则的同心圆。

表 12-1   中国地震烈度表

烈度	震感
Ⅰ度	无感,仅仪器能记录到
Ⅱ度	微有感,个别敏感的人在完全静止中有感
Ⅲ度	少有感,室内少数人在静止中有感,悬挂物轻微摆动
Ⅳ度	多有感,室内大多数人、室外少数人有感,悬挂物摆动,不稳器皿作响
Ⅴ度	惊醒,室外大多数人有感,家畜不宁,门窗作响,墙壁表面出现裂纹
Ⅵ度	惊慌,人站立不稳,家畜外逃,器皿翻落,简陋棚舍损坏,陡坎滑坡
Ⅶ度	房屋损坏,地表出现裂缝及喷沙冒水
Ⅷ度	建筑物破坏,房屋多有损坏,少数路基破坏塌方,地下管道破裂
Ⅸ度	建筑物普遍破坏,少数倾倒,牌坊、烟囱等崩塌,铁轨弯曲
Ⅹ度	建筑物普遍摧毁,房屋倾倒,道路毁坏,山石大量崩塌,水面大浪扑岸
Ⅺ度	房屋大量倒塌,路基堤岸大段崩毁,地表产生很大变化
Ⅻ度	山川易景,建筑物普遍毁坏,地形剧烈变化动植物遭毁灭

早期的烈度表完全以地震造成的宏观后果为依据来划分烈度等级。但宏观烈度表不论制定得如何完善,终究用的是定性的判据,不能排除观察者的主观因素,中国现行的烈度表已经加入了加速度和速度两项物理量数据。

任务二   地震地质作用

地震是岩石圈内能量积累突然释放的结果,多是岩体沿破裂面急剧错动时产生的一种地质现象。地震的孕育时间是漫长的,在它孕育期积聚能量过程中,会引起所在地区岩石物理性质的一系列变化,发震后,又会引起地表形态和地壳结构的明显变动。地震从孕育到发震以后全部过程中使地壳结构和构造、地表形态改变并引起岩石物理性质变化的作用叫地震地质作用。

一、震前地质作用

在地震孕育阶段,地应力不断积累,引起岩石强度、密度发生变化,从而引起地电和地磁变化、地下水埋藏条件和化学成分变化等。震前地震地质作用形成的这些现象可以作为地震的前兆。

(一)地球物理场的变化

地震地质作用可引起地磁场和地电场的变化。在地应力加强的过程中,压磁效应和压电效应以及地下水位的变化导致土壤和岩石的磁性及电阻率的变化。地磁的变化也可直接感生电场的变化。压磁效应对岩石磁化率(因磁场而磁化的比例)的变化是有方向性的,磁化强度在应力方向上减少,而在垂直应力方向上增加。一般认为地磁的变化实际上是地应力发生变化致使地磁发生变化。地应力使岩石密度改变,从而也导致重力场的变化;岩体因压缩而产生热,引起地温变化。这些均可作为地震的前兆。

(二)地形变化

地震前,地表形态可出现地面急剧的升降、平移等异常现象,但这种变化平时是微量的、不明显的,在地应力急剧增加的情况下,地形变化现象也就十分明显。如1966年3月河北邢台地震之前,1920~1964年,震中地区的地形变化处于缓慢状态,变化速率仅4~9 mm/年,而在地震前两年,变化速率增大到110 mm/年。位于震中区附近相距40 km的两个观测点的高程发生了突变,一个由上升变为急剧下降,另一个由下降变为急剧上升,接着就发生了强烈地震。

(三)地下水的水位、水量和化学成分的变化

大地震前,地应力急剧加强,地应力使岩石密度发生变化,裂隙张开或闭合,导致地下水位出现异常,水位突升或突降,井水溢出或干涸,泉水增大或枯竭。此外,还导致地下水的物理性质和化学成分的改变,如变色、变味、变浑;某些元素含量也发生变化,如震前,地下水中氡气(Rn)含量明显增加。氡是放射性元素铀、镭蜕变的中间产物,来源于地下较深的地方,它是一种惰性气体,不参与任何化学作用,故能真实反映它在地下水中的溶解量。在地应力作用下,氡从地应力大的深层地下水挤向地应力小的地壳浅处,导致浅层地下水中氡含量增加。

二、震后地质作用

地震发生后,地壳遭受强烈震动,产生宏观的地震地质现象。因岩性、地质构造和地形等条件的不同,可表现出不同的结果。

松散土层地区经地震后,地面常出现隆起和塌陷。地震若发生在陡峻的山区,由于崖陡不稳,在强烈震动下,常常会引起岩石崩塌和大块岩体滑动,形成山崩和滑坡,常常阻塞河道,局部改变了河流地质作用的性质,堰塞湖就是由于地震而造成的山体滑坡,堵截河谷或河床后贮水而形成的湖泊,如果遇到强余震、暴雨,可能会发生溃坝,对下游百姓的生命财产造成威胁,同时,堰塞湖水位不断上升,也会对上游造成淹没的危险。如2008年5月12日发生的汶川大地震造成唐家山大量山体崩塌,两处相邻的巨大滑坡体夹杂巨石、泥土冲向湔江河道,形成巨大的堰塞湖,为汶川大地震形成的34处堰塞湖中最危险的一座(见

图 12-1）。

图 12-1　唐家山堰塞湖

　　地震时,震区岩层受到强烈挤压,往往形成各种小褶皱和断裂。

　　地震常沿老断裂带发生,表现为老断裂的重新活动,沿老断层又形成新的断层和地裂缝。如 1976 年 7 月 28 日我国河北省唐山市发生了强度里氏 7.8 级大地震,震中烈度Ⅺ度,震源深度 12 km,地震持续约 23 s,震区及周围出现大量地裂缝(见图 12-2)、喷沙冒水、山崩、滑坡、岩溶陷落及采空区坍塌等现象,区内最大的地裂缝可达 10 多 km 长、30 m 宽,沿东北方向延伸,在地震地裂缝穿过的地方,所有建筑物荡然无存,两侧地面运动把人抛向空中。

图 12-2　地震后形成的地裂缝

　　地裂缝的组合形态和延伸方向具明显的规律性,有的表现为很好的斜列式(“多”字形),有的具明显的锯齿形。因此,很好地研究地裂缝的性质、规模、组合形态和延伸方向及其与其他构造现象的关系,是了解地应力场和构造运动方向的重要方法。

　　地震产生的挤压力常引起地面波状起伏、扭曲,如唐山大地震中,坚硬的铁轨被扭成弯曲状(见图 12-3)。

　　大地震除造成上述各种地质作用外,还可以触发其他地质作用的发生。例如,大地震有时和岩浆活动有联系,如 1960 年 5 月 22 日智利地震后 47 h,普惠火山爆发(自 1905 年起一直休眠),喷发持续了几个星期。海震可引起海啸,如 2011 年 3 月 11 日日本东北部太平洋

图12-3　唐山大地震中扭曲的铁轨

海域的强烈地震,在日本东北太平洋沿岸引发巨大海啸,据报道,本次海啸最大高度有23 m。

　　地质历史时期也有大量地震发生,会留下类似的痕迹,但因历史久远,地形变迁,当时的地貌多不保存,而所形成的一些较大规模的堆积物和构造现象仍可能保存在地层中。这些痕迹包括某些断层、大规模浊流堆积物、成片分布的古倒石锥和水下滑坡、碎屑岩墙等。详细研究古地震的痕迹,对于划分古地震带、查明古地震活动规律以及对研究现代地震都具有重要意义。

任务三　地震活动的空间分布规律

　　全球表面震中分布表明,地震呈带状沿板块边界分布。震源在 10 ~ 20 km 深度的浅源地震主要发生于大洋中脊转换断层和海沟处,也正是这类浅源地震最先向人们揭示了大西洋中脊和印度洋中脊的地理分布,并得到海底测深资料的证实。

　　环太平洋边缘还有大量的深源地震,20 世纪 50 年代,美国学者本尼奥夫(H. Benioff)发现这些地震的震源大多局限在一条很窄的带内,由海沟向大陆,震源深度由浅渐深,最深达720 km,倾角一般为 45°左右。这条地震带称为本尼奥夫带(Benioff zone),以纪念他的功绩。

一、世界地震活动带

　　世界上地震主要发生在岩石圈构造活动带,现代全球地震的分布受板块构造活动边界的控制,有规律地主要集中以下三个带:环太平洋地震带、地中海—印尼地震带、洋中脊地震带(见图12-4)。

(一)环太平洋地震带

　　该带分布于濒临太平洋的大陆边缘与岛屿,围绕太平洋的西、北、东诸岸,包括南北美洲太平洋沿岸、阿留申群岛、堪察加半岛经千岛群岛、日本列岛到我国台湾岛,经菲律宾群岛转向南东直到新西兰岛。这一地震带位于太平洋板块与大陆板块碰撞地区,地震活动极为强烈,集中了世界上 80%的地震,包括大量的浅源地震、90%的中源地震及几乎所有深源地震和全球大部分特大地震。

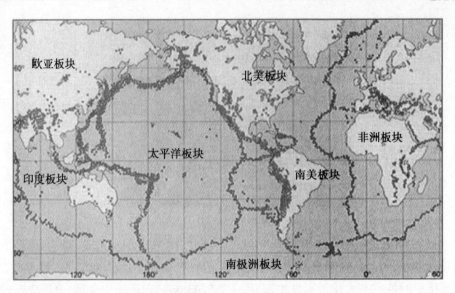

图 12-4　世界地震活动带

（二）地中海—印尼地震带

地中海—印尼地震带主要分布于欧亚大陆，又称欧亚地震带，近东西向展布，西起大西洋亚速尔群岛，向东经地中海、土耳其、伊朗、阿富汗、巴基斯坦、印度北部、中国西部和西南部边境，过缅甸到印度尼西亚，与环太平洋地震带相接。该带是大陆古板块构造研究的重要地区，集中了世界上 15% 的地震。由于是大陆古板块构造引起的，因此主要是浅源地震和中源地震，缺乏深源地震，但其影响范围较宽，分布也不均匀。

（三）洋中脊地震带

该带分布在全球各大洋的洋脊区和海中隆区，带内地震均为浅源地震，数量较少，震级一般也较小。

此外，大陆内部还有一些分布范围相对较小的地震带，如东非裂谷地震带。

二、我国地震活动带

我国处于环太平洋地震带和地中海—印尼地震带之间，因此我国是一个多地震的国家。中华人民共和国成立以来就发生过多次破坏性地震。如 1966 年邢台地震，1973 年甘孜地震，1974 年海城营口地震，1975 年溧阳地震、炉霍地震和道孚地震，1976 年唐山地震和云南昭通地震，1977 年溧阳地震。这些地震除发生在溧阳的两次地震略低于 7 级外，其余均在 7级以上。

我国地震活动带主要有东部地震区、西部地震区和中枢地震带（或南北地震带）。

（一）东部地震区

1. 华北地震带

华北地震带包括山东、山西、河北、河南、陕西的全部，辽宁南部，苏北及皖北地区。区内地震活动强烈，多次发生地震。如 1976 年唐山 7.8 级地震、1975 年营口海城 7.3 级地震、1969 年渤海 7.4 级地震、1966 年邢台 7.2 级地震、1965 年山西临汾 8 级地震等。

2. 华南地震带

华南地震带包括苏南、皖南、浙江、福建、广东、广西、湖南、湖北和贵州等省（区）。此带地震活动较华北地震带弱,破坏性地震少,地震分布不广。

(二)西部地震区

西部地震区内强震分布广,频度高。如1973年川西炉霍7.9级地震,1976年云南龙陵7.3级地震。

(三)中枢地震带(或南北地震带)

中枢地震带北起贺兰山、六盘山,向南穿越秦岭经龙门山直达川西、滇东地区,地震带纵贯南北,为一大型断裂构造带。区内地震活动强,如1920年宁夏海源8.5级地震,1739年宁夏银川8级地震,1970年云南通海7.7级地震等,2008年汶川8.0级地震就发生在龙门山大断裂。

▌ 任务四　地震的预报和预防

研究地震的目的在于掌握地震活动规律,更好地预报地震和控制地震。我国是有地震记录最早的国家,对地震预报的研究有很久的历史,早在公元132年,张衡就发明了世界上第一台地震仪——候风地动仪,可以准确测出地震发生的时间和方位。

地震预报就是利用震前一系列岩石物理、化学性质的变化规律来测定即将发生的地震的地点、强度和时间。地温、地下水、地声、地电、重力、地磁异常、地应力变化、动物异常反应等,也可作为发震的征兆。1975年2月,辽宁海城地震是我国临震预报最成功的例子。

一、地震预报

地震发生之前,地球内部的能量有一个积蓄和孕育的过程,并引起自然界的各种异常反应,产生一些异常现象,这些异常反应和异常现象就是地震前兆,是预测、预报地震的重要依据。

根据我国1999年发布的《地震预报管理条例》,地震预报分为四类:

(1)长期预报。指对未来10年内可能发生破坏性地震的地域的预报。

(2)中期预报。指对未来1~2年内可能发生破坏性地震的地域和强度的预报。

(3)短期预报。指对未来3个月内将要发生地震的时间、地点、震级的预报。

(4)临震预报。指对10日内将要发生地震的时间、地点、震级的预报。

地震预报包括三个要素:时间、地点、震级,并预测其烈度,及时采取相应措施。

中长期预报主要根据历史地震的资料和地质情况,做出地震区划图,划出地震危险区,并指出危险程度。短期预报、临震预报靠地震和地质情况的调查研究,通过各种仪器对地震前兆进行监测。

监测的主要内容有前震、地壳形变、地下水、地下气体(主要是氡)和地球电场、磁场、地应力场、重力场等各种微观测量的变化。在临近地震前还可以观测到地下水位、水质的突变和地声、地光、电磁干扰、动物行为异常等一系列宏观异常变化。

我国对地震研究非常重视,中华人民共和国成立以来,成立了国家地震局,并系统整理了地震文献记载,对20余次中强以上地震做出了不同程度的短期和临震预测预报。如辽宁海城、云南龙陵、四川松潘—平武、盐源—宁蒗、云南孟连、新疆喀什等大地震都进行了成功的预报,有效地保护了人民的生命和财产安全。

随着科技的进步,我国不断改进了数字地震观测、地震前兆观测系统、地震应急指挥技术系统和地震观测系统、数据传输系统等,2000年中国地壳运动观测网络建成并投入使用,标志着我国在大陆地震研究领域进入了世界领先水平。但目前,地震预报还是一个未解决的世界问题,我们还没有完全了解地震的发震过程及其成因机制,尤其在临震预报方面还没有突破,还需要我们做出更多的努力。

二、地震预防

目前,人类无法制止地震的发生,但我们可以采取积极的预防措施,防止和减少地震灾害造成的损失。地震的预防主要是采取有效措施提高建筑物的抗震能力,尽量避免在地震活动带上建造大规模建筑物,特别是在地震区划圈划出的地震危险区内,在设计与施工中应根据地震区划的资料采取严格的抗震措施,加强地基的稳固性、建筑物的整体性及结构的牢固性。

现在各国科学家也在探讨通过人为措施逐步释放岩石因受力积累起来的能量,人为地引发一些小震来消除大震隐患。地震与工程建设的关系极为密切,地震与工程建设方面的研究内容主要集中在区域地质条件分析、场地工程地质、地基抗震三方面。随着经验的积累,我们将会总结出更多、更好的防震、抗震措施。

小 结

1. 地震震动的源称为震源。震源垂直投影在地面上的点称为震中。地面上受地震影响的任何一点到震中的距离,称为震中距。地震破坏程度最大的区域,称为震中区。

2. 地震的能量通过岩石以弹性波的形式传播,这种弹性波称为地震波。地震波按传播的方式,分为纵波(P波)、横波(S波)、面波(L波)。

3. 地震能量的大小用震级表示,释放的能量越大,震级越高。目前均采用里氏震级表示地震的大小,距震中100 km处地震波最大振幅的对数值即为里氏震级。

4. 地震对地面破坏的程度用地震烈度表示,我国目前使用的是XII度烈度表。

5. 地震的成因类型有构造地震(断裂地震)、火山地震、陷落地震。此外,人类活动亦可诱发地震。

6. 地震能够引发一系列地质灾害,如地裂缝、山崩与滑坡、喷沙冒水、海啸等。

7. 全球地震主要集中在三个带:环太平洋地震带、地中海—印尼地震带、洋中脊地震带。

8. 地震发生前,会产生一些异常现象,这些异常现象是预测、预报地震的重要依据。

思考题

1. 造成地震的原因是什么? 地震与构造运动有何区别?
2. 地震前后会产生哪些地震地质现象?
3. 为什么地震后震区各地受灾程度不同? 灾害轻重与哪些主要因素有关?
4. 地震震级是如何度量的?
5. 现代地震与世界活火山的地理分布有何规律性的关系?
6. 地震预报有哪些有效手段?
7. 如何用地质学的观点去解释地震的前兆现象?

项目十三　岩浆作用

学习目标

本项目要求掌握岩浆、岩浆作用的概念；掌握岩浆活动方式及产状的识别特征等方面的知识。

【导入】

火山喷发是人们较为熟悉的一种地质奇观，是地壳运动的一种表现形式。它是岩浆等高温熔融体在短时间内从火山口向地表的释放，岩浆在上升运移过程中，部分岩浆会侵入地下构造薄弱带冷凝形成侵入岩，部分岩浆喷出地表冷凝形成喷出岩。岩浆岩中蕴藏着大量的有色金属、稀有金属及非金属矿产。

【正文】

任务一　岩浆和岩浆作用的概念

一、岩浆

岩浆是地壳深处和上地幔形成的一种炽热、黏稠、含挥发分的硅酸盐熔融体。岩浆的基本特点是有一定的挥发分、高温和能够流动，以硅酸盐为主要成分。

（一）岩浆的化学成分

根据地壳中元素的丰度，地壳化学成分主要包括氧、硅、铝、铁、镁、钙、钾、钠、锰、钛、磷等造岩元素。其中以氧最多，常以氧化物表示。

另外还有挥发分，主要有 H_2O，其次是 CO_2、SO_2、CO、N_2、H_2、NH_3、NH_4、HCl、HF、KCl、$NaCl$ 等。岩浆中的挥发分可降低岩浆的黏度及矿物熔点，从而影响岩浆流动及矿物结晶时间。挥发分多，易流动且结晶时间长；反之，难流动且结晶时间短。

（二）岩浆的黏度

岩浆的黏度表示岩浆流动的状态和程度。岩浆的黏度主要与岩浆的氧化物（成分）、挥发分、温度和压力有关。

（1）氧化物。SiO_2、Al_2O_3、Cr_2O_3 的存在，将使黏度显著增加，尤以 SiO_2 的含量影响最大，SiO_2 含量升高，黏度升高，所以基性岩黏度小，以溢流为主；酸性岩黏度大，多以爆发形式为主（见图13-1）。

（2）挥发分。挥发分的存在将显著降低岩浆的黏度，挥发分升高，黏度降低。

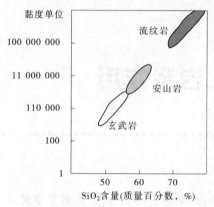

图 13-1　岩浆的黏度与 SiO_2 含量的关系

（3）温度。温度也是影响岩浆黏度的重要因素之一,温度升高,黏度下降。

（4）压力。压力对黏度的影响要复杂得多,对于不含水的干岩浆,则压力升高,黏度增加;但对于富水岩浆,由于压力升高可明显增加水在岩浆中的溶解度,反而使黏度在一定压力区间内降低,当压力升高到一定程度,水在熔浆中的溶解已达饱和,水含量不再随压力升高而增加,这时压力进一步升高,岩浆的黏度则呈增高的趋势。

（三）岩浆的温度

地下深处的岩浆,我们无法直接测得其温度,一般根据以下几种方法近似地确定。

1. 观察现代熔岩流的温度

观察表明,现代熔岩流的温度范围一般为 700 ~ 1 200 ℃,其中基性火山熔岩温度高,为 1 025 ~ 1 225 ℃;酸性熔岩温度低,如流纹岩仅有 735 ~ 890 ℃。一般来说,熔岩流的温度总是比地下深处同成分的、正在结晶的岩浆高,这是因为地下深处的岩浆富含挥发分,挥发分可以使起熔温度和液相线温度明显下降。

2. 研究地质温度计,推测岩浆温度

根据某些造岩矿物的形成温度和相变温度,可间接推测岩浆结晶时的温度。例如,方石英变为鳞石英 1 470 ℃,正长石分解为白榴石和二氧化硅 1 170 ℃,普通角闪石暗化 1 050 ℃,大气压力下黑云母分解、暗化 840 ~ 1 050 ℃,鳞石英变为 β – 石英 870 ℃,棕色角闪石变为绿色角闪石 750 ℃,β – 石英变为 α – 石英 573 ℃。

3. 熔化岩浆岩的方法

通过岩浆岩的重熔和再结晶试验,也可得知其大致温度。如基拉韦厄火山的玄武岩,在一个大气压下熔融后,开始结晶的温度为 1 160 ~ 1 235 ℃,完全结晶的温度是 1 060 ℃,花岗岩的熔点为(50 ± 950) ℃。

4. 玻璃包体均一法测温

如均一法测得霞石岩中橄榄石均一温度为 1 220 ~ 1 290 ℃,辉石为 1 120 ~ 1 280 ℃;流纹岩中石英为 790 ~ 1 220 ℃,透长石为 1 100 ~ 1 200 ℃。

5. 地质温度计及地质压力计

根据热力学、岩石物理化学及试验岩石学资料,利用能斯特分配定律,通过计算平衡共生矿物的共有成分分配函数,可以较准确地测定出矿物的大致结晶温度,如二长石温度计、二辉石温度计、钛铁氧化物温度计等。

二、岩浆作用

岩浆发源于地幔软流圈或地壳深处,岩浆在地下处于高温高压状态,这种状态下的岩浆是一种高温炽热黏度极高的高柔性体,它在地壳中所处的环境是平衡的。如果地壳运动强烈,会造成地壳岩石断裂,从而使岩浆所处的平衡体系受到破坏,这时过热的岩浆就会变为液体,沿构造脆弱带上升到地壳上部或地表,岩浆在上升、运移过程中,由于物理、化学条件的改变,不断地改变自己的成分,最后凝固成岩石。岩浆的形成、运动及冷凝成岩的全部过程,称为岩浆作用。由岩浆冷凝固结而成的岩石称为岩浆岩。

在岩浆冷却过程中,由于失去大量挥发分,所以岩浆岩的成分与岩浆的成分不完全相同。根据岩浆侵入地下岩石中还是喷出地表,可将岩浆作用分为侵入作用和喷出作用。侵入作用形成的岩石称为侵入岩,喷出作用形成的岩石称为喷出岩。

■ 任务二 火山作用

一、火山活动现象

(一)火山活动

火山活动是指与火山喷发有关的岩浆活动。它包括岩浆冲出地表,产生爆炸,流出熔岩,喷射气体,散发热量,析离出气体,水分和喷发碎屑物质等活动。火山喷发时,灼热的熔浆喷出地表,并伴有大量气体和尘埃,形成火红的巨大烟柱,地下轰鸣,地面颤动,空气受热上升形成强烈对流,或风雨交加、电闪雷鸣。

剧烈的火山喷发会使地球大气受到严重污染,造成连年酸雨不断,植物大量死亡,喷到大气层的大量火山灰、硫酸烟雾会长时间遮住阳光,从而使气温降低,对人类环境造成很大的破坏。

通常,在人类历史上没有发生过喷发活动的火山叫死火山,现代正在活动的火山叫活火山,在人类历史记载上有过喷发活动的而近代长期停止活动的火山叫休眠火山。

(二)火山的结构

火山作用不论是裂隙喷发还是中心喷发,均与长期发育的区域断裂系统有关。中心式喷发往往发生在两组断裂相交的地方。火山岩区断裂构造可划分出三个主要发育阶段:一是火山作用以前的断裂和断块构造形成阶段,主要为岩浆向地表运动提供通道;二是火山杂岩形成期间发育的断裂构造,主要岩浆向上运动时,上冲压力形成隆起构造;三是继承早期断裂,叠加在火山堆积物上的断裂系统。

火山构造主要包括火山通道(火山颈)、火山锥、火山口等(见图 13-2)。

1. 火山通道

火山通道是岩浆喷发时,岩浆从地下喷出地表的通道。火山喷发后,通道常为熔岩或火山角砾岩所充填,形成火山颈。

2. 火山锥

火山喷出物常堆积在火山口周围形成锥状地形,称为火山锥。在一个火山地区,火山锥常成群出现,形成火山锥群。

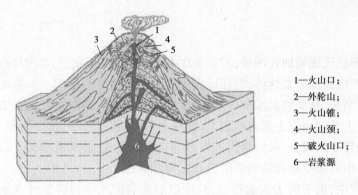

1—火山口；
2—外轮山；
3—火山锥；
4—火山颈；
5—破火山口；
6—岩浆源

图 13-2　火山结构示意图

3. 火山口

在火山锥的顶部或侧方,通常有一低洼部分,它是岩浆喷发的出口,叫火山口。火山口可积水成湖,称为火山湖。如果由于火山喷发的爆炸或火山锥上部塌陷导致火山口不断扩大呈锅状,则称为破火山口。

二、火山喷出物

火山喷出物的化学成分较复杂,按其形态划分,可分为气态、液态和固态三种物质。

（一）气态喷发物

溶解在岩浆中的挥发性成分在围压降低的条件下就会以气体形式分离出来。气态喷出物主要以水蒸气为主,占 60% ~ 90%,其次为二氧化碳、硫、硫化物及少量的氯化氢、氟化氢等(见图 13-3)。在其大量堆积时,或形成火山喷气矿床。

（二）液态喷发物

液态喷发物称为熔岩,它是喷出地面而丧失了气体的岩浆。其成分主要是熔浆,其次为热水溶液(见图 13-4)。熔岩冷却凝固后形成的岩石称为喷出岩。

（三）固态喷发物

气体的膨胀力、冲击力与喷射力将地下已经冷凝或半冷凝的岩浆物质炸碎并抛射出来；未冷凝的岩浆则成为团块、细粒或微末被击溅出来,在空中冷凝成为固体。此外,周围岩石也可以被炸碎并抛出来。这三类物质构成了火山爆发的固体产物,统称火山碎屑物,火山碎屑物按其性质和大小可分为：

（1）火山灰［见图 13-5（a）］：粒径小于 2 mm 的细小火山碎屑物。

（2）火山砾［见图 13-5（b）］：粒径为 2 ~ 50 mm,形态不规则,常有棱角。

（3）火山渣：粒径数厘米到数十厘米,外形不规则,多空洞,似炉渣,其中色浅、质轻、能浮于水者称为浮岩。

（4）火山弹［见图 13-5（c）］：粒径大于 50 mm,由喷出的液态岩浆在空中冷凝而成。外形多样。火山弹外壳因快速冷凝收缩常有裂纹,内部多空洞。

（5）火山块：粒径大于 50 mm,常有棱角。

图 13-3　火山喷发产物——挥发分

图 13-4　火山喷发产物——熔浆

三、火山喷发类型及产状

(一)火山喷发的类型

1.熔透式喷发

岩浆上升时,因过热和高度化学能,将其顶部围岩熔透,岩浆即溢出地表而成为喷出岩。熔透式喷发又称面状喷发。

(a) 火山灰

(c) 火山弹

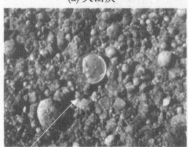

(b) 火山砾

图13-5　火山喷发产物

2. 裂隙式喷发

裂隙式喷发指岩浆沿一个方向的大断裂或断裂群上升,喷出地表。岩浆从窄而长的裂缝状通道向上宁静溢出,有的火山呈一字形排列喷发,向下则相连成为墙状通道(见图13-6)。

3. 中心式喷发

中心式喷发指岩浆沿颈状管道的一种喷发,喷发通道在平面上为点状,又称点状喷发。其特点是形成火山锥。中心式喷发有的比较宁静,有的发生猛烈爆炸。

(1)碎屑锥:以爆发产物为主,火山碎屑物质常大于95%(见图13-7)。

(2)熔岩锥:以溢流产物为主,火山碎屑物质常小于10%(见图13-8)。

(3)混合锥:火山碎屑物与熔岩互层组成的火山锥,为喷发与溢流交替喷出的火山产物(见图13-9)。

对于黏度小的基性熔岩,在中心式喷发时,常呈岩流、岩被、熔岩瀑布等;对于黏度大、挥发分少的中酸性、碱性熔岩,中心式喷发常形成岩穹(穹丘)、岩锥、岩针等。

(二)喷出岩体的产状

一定成因的岩石构成的岩石集合体或地质体称为岩体,岩体产出的形态、大小及其与围岩的关系称为岩体的产状。根据喷出岩体的形态可将喷出岩的产状分为以下几种。

图 13-6　裂隙式喷发

图 13-7　碎屑锥

1. 熔岩被

岩浆沿构造裂隙呈线状喷出地表,常形成规模大、厚度稳定、产状平缓的喷出岩体,覆盖面积可达数千至数万平方千米,厚度可达数百至数千米。

2. 熔岩流

呈带状或舌状分布的熔岩,熔岩流规模小于熔岩被,由中心式喷发而成,其形态往往受熔岩流动时的地形控制。

3. 火山锥

由火山喷出物围绕火山口堆积而成的锥形火山体,称为火山锥。其大多为中心式喷发的产物。

4. 岩钟、岩针

流纹岩岩浆的黏度比较大,不易流动,可在火山通道上方聚集起来,形成钟状岩体,称为

图 13-8　熔岩锥群

图 13-9　混合锥及其示意图

岩钟。若已凝固的火山通道被深部熔岩挤出地面,形成针状尖峰,称为岩针。

四、现代火山分布

全世界已发现 2 000 多座死火山、500 多座活火山,其中在海底的活火山近 70 座。火山常成群并成带分布,主要集中在以下四个带(见图 13-10)。

(一)环太平洋火山带

南起南美洲的科迪勒拉山脉,转向西北的阿留申群岛、堪察加半岛,向西南延续的是千岛群、日本列岛、琉球群岛、台湾岛、菲律宾群岛以及印度尼西亚群岛,全长 4 万余千米,呈一向南开口的环形构造系。环太平洋火山带也称环太平洋火环,有活火山 512 座。环太平洋火山带火山活动频繁,历史资料记载,该带现代喷发的火山占全球的 80%,主要发生在北美、堪察加半岛、日本列岛、菲律宾群岛和印度尼西亚。印度尼西亚被称为"火山之国",南部包括苏门答腊。爪哇诸岛构成的弧 – 海沟系,火山近 400 座,其中 129 座是活火山,这里仅 1966 ~ 1970 年 5 年间就有 22 座火山喷发,此外海底火山喷发也经常发生,致使一些新的火山岛屿出露海面。

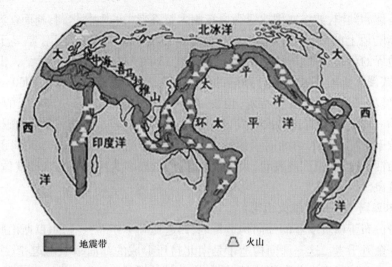

图 13-10　世界火山分布

(二)大洋中脊火山带

大洋中脊也称大洋裂谷,它在全球呈 W 形展布,从北极盆穿过冰岛,到南大西洋,这一段是等分了大西洋壳,并和两岸海岸线平行。向南绕非洲的南端转向 NE 与印度洋中脊相接。印度洋中脊向北延伸到非洲大陆北端与东非裂谷相接。向南绕澳大利亚东去,与太平洋中脊南端相连,太平洋中脊偏向太平洋东部,向北延伸进入北极区海域,整个大洋中脊构成了"W"形图案,成为全球性的大洋裂谷,总长 8 万余千米。大洋裂谷中部多为隆起的海岭,比两侧海原高出 2 ~ 3 km,故称其为大洋中脊,在海岭中央又多有宽 20 ~ 30 km、深 1 ~ 2 km 的地堑,所以又称其为大洋裂谷。大洋内的火山就集中分布在大洋裂谷带上,人们称其为大洋中脊火山带。根据洋底岩石年龄测定,说明大洋裂谷形成较早,但张裂扩大和激烈活动是在中生代到新生代,尤其第四纪以来更为活跃,突出表现在火山活动上。大洋中脊火山带火山的分布也是不均匀的,多集中于大西洋裂谷,北起格陵兰岛,经冰岛、亚速尔群岛至佛得角群岛,该段长达万余千米,海岭由玄武岩组成,是沿大洋裂谷火山喷发的产物。由于火山多为海底喷发,不易被人们发现,有关资料记载,大西洋中脊仅有 60 余座活火山。冰岛位于大西洋中脊,冰岛上的火山我们可以直接观察到,岛上有 200 多座火山,其中活火山 30 余座,人们称其为火山岛。据地质学家统计,在近 1 000 年内,大约发生了 200 多次火山喷发,平均每 5 年喷发一次。著名的活火山有海克拉火山,从 1104 年以来有过 20 多次大的喷发。拉基火山于 1783 年的一次喷发为人们所目睹,从 25 km 长的裂缝里溢出的熔岩达 12 km 以上,熔岩流覆盖面积约 565 km²,熔岩流长达 70 多 km,造成了重大灾害。1963 年在冰岛南部海域火山喷发,这次喷发一直延续到 1967 年,产生了一个新的岛屿——苏特塞火山岛,高出海面约 150 m,面积 2.8 km²。6 年之后,在该岛东北 32 km 处的维斯特曼群岛的海迈岛火山又有一次较大的喷发。这些火山的喷发,反映了在大西洋裂谷火山喷发的特点。

(三)东非裂谷火山带

东非裂谷是大陆最大的裂谷带,分为两支:裂谷带东支南起希雷河河口,经马拉维肖,向北纵贯东非高原中部和埃塞俄比亚中部,至红海北端,长约 5 800 km,再往北与西亚的约旦河谷相接;西支南起马拉维湖西北端,经坦噶尼喀湖、基伍湖、爱德华湖、阿尔伯特湖,至阿伯特尼罗河谷,长约 1 700 km。裂谷带一般深达 1000 ~ 2 000 m,宽 30 ~ 300 km,形成一系列狭长而深陷的谷地和湖泊,如埃塞俄比亚高原东侧大裂谷带中的阿萨尔湖,湖面在海平面以下150 m,是非洲陆地上的最低点。现代火山活动中心集中在三个地区,一是乌干达—卢旺达—扎伊尔边界的西裂谷系,1912~1977 年就有过 13 次火山喷发,尼拉贡戈火山至今仍在活动;二是埃塞俄比亚阿费尔(阿曼)拗陷的埃尔塔火山和阿夫代拉火山,1960~1977 年曾发生过多次喷发;三是坦桑尼亚纳特龙(坦桑)湖南部的格高雷(grgory)裂谷上的伦盖伊(坦桑)火山,1954~1966 年曾有过多次喷发,喷出岩为碳酸盐岩类,有较高含量的碳酸钠,为世界所罕见。位于肯尼图尔卡纳湖南端的特雷基火山在 20 世纪 80~90 年代间也曾多次喷发。现代火山活动区,温泉广泛发育,火山喷气活动明显,多为水蒸气和含硫气体,这是火山现今的活动迹象。

(四)阿尔卑斯—喜马拉雅火山带

该火山带分布于横贯欧亚的纬向构造带内,西起比利牛斯岛,经阿尔卑斯山脉至喜马拉雅山,全长 10 余万千米。这一纬向构造带是南北挤压形成的纬向褶皱隆起带,主要形成于新生代第四纪。在该带火山分布不均匀,纬向构造带的西段,由于南北挤压力的作用,在形成纬向构造隆起带的同时,形成了经张裂和裂谷带,如其南侧的纵贯南北的东非裂谷系,顺两构造带过渡段,因断陷而形成了内陆海——地中海、红海和亚丁湾等,这里的火山活动也别具特色,出现了众多世界著名的火山,如威苏维火山、埃特纳火山、乌尔卡诺火山和斯特朗博利火山等,爱琴海内的一些岛屿也是火山岛,活动性强,意大利历史记载的火山喷发就有 130 多次,爆发强度大,特征典型,世界火山喷发类型就是以上述火山来命名的,岩性属于钙碱性系列,以安山岩和玄武岩为主。中段火山活动表现微弱,在东段喜马拉雅山北麓火山活动又加强,在隆起和地块的边缘分布着若干火山群,如麻克哈错火山群、卡尔达西火山群、涌波错火山群、乌兰拉湖火山群、可可西里火山群和腾冲火山群等,共有火山 100 多座,其中中国的卡尔达西火山和可可西里火山在 20 世纪 50 年代和 70 年代曾有过喷发,岩性为安山岩和碱性玄武岩类。

任务三　侵入作用

一、侵入作用概述

上地幔及地壳深处的岩浆由于受到地壳运动的影响,沿着构造薄弱带向上运移、侵入围岩而未达到地表的岩浆活动现象称为侵入作用。由侵入作用所形成的岩石称为侵入岩。包围侵入岩的岩石称为围岩。

在侵入过程中,岩浆及其围岩会发生一系列的变化:一是岩浆自身的变化,二是岩浆与围岩之间发生变化。其中,最重要、最普遍的是岩浆的分异作用和同化混染作用。

(一)岩浆的分异作用

岩浆的分异作用主要有结晶分异作用、重力作用、压滤作用、流动作用、熔离作用、扩散作用等。

1. 结晶分异作用

结晶分异作用指岩浆在冷却过程中不断结晶出矿物和矿物与残余熔体分离的过程。它是岩浆冷凝过程中由于不同矿物先后结晶和矿物比重的差异导致岩浆中不同组分相互分离的作用,又称分离结晶作用。分离的原因主要是重力作用、压滤作用、流动作用。

2. 重力作用

重力作用是指早结晶出的矿物下沉于熔体底部,晚结晶出的矿物堆积于其上,形成由不同矿物组合的具垂直分带现象的层状侵入体,又称火成堆积岩,其下部为超镁铁岩(橄榄岩、辉石岩等),向上依次变为辉长岩、斜长岩、闪长岩,甚至花岗斑岩等,具层理构造及堆积结构,剖面上常见成分重复出现的韵律层理,偶尔见交错层理。常堆积铬铁矿、钒钛磁铁矿等矿床。重力作用在基性岩浆中较常发生。

3. 压滤作用

压滤作用是指岩浆在部分结晶之后,在晶体"纲架"之间残存未结晶的熔体,在构造应力作用下,受挤压过滤,与晶体分离,向压力较小的方向迁移,在张裂隙或褶皱轴部形成小侵入体。花岗岩体及其围岩中的伟晶岩、细晶岩岩脉,石英粗玄岩中的霏细岩及花斑岩脉等,有可能就是压滤作用形成的。

4. 流动作用

流动作用是指在岩浆运移上升过程中,岩浆中早期形成的晶体,因流体力学作用,远离通道壁部向通道中心高速带集中。因此,在这些岩体边缘富集晚期析出的矿物,而在中部则大量集中早期结晶的矿物。

随着岩浆温度的降低,反应继续进行,有规律地产生一系列的矿物,称反应系列。鲍温认为,反应进行程度的差异,是岩浆分异作用最重要的原因,此即鲍温的反应原理。反应系列分为两支进行:①连续系列(浅色的——斜长石),矿物的结晶格架不发生大的改变,在成分上有连续渐变关系;②不连续系列(深色的——铁镁矿物),相邻矿物之间结晶格架发生显著变化(见图13-11)。在岩浆冷却过程中,同时会析出一种斜长石和一种铁镁矿物,它们的成分随结晶过程而变化,两系列为互相独立的结晶作用而继续进行,晚期合并形成单一不连续系列,以石英为最后产物。

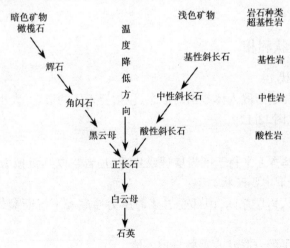

图13-11　鲍温反应系列

5. 熔离作用

熔离作用是指成分均一的岩浆,由于温度、压力等变化,而分为两种不混溶或有限混溶的熔体,又称不混溶作用,属内力作用——岩浆活动。岩浆在液态情况下,由于物理、化学条件的改变,可以逐渐分离成几种成分不同、不相混熔的岩浆的作用,称熔离作用,也叫液态分异作用。

6. 扩散作用

扩散作用是指在岩浆侵入体的不同部位存在温度梯度,一般边缘较低,中心较高。岩体中的温度梯度会产生浓度梯度,使高熔点组分向低温区扩散,出现低温区高熔点组分集中现象。岩体边缘暗色矿物较多。扩散作用的大小以单位时间内质点扩散范围表示(cm^2/s),称为扩散系数。

(二)岩浆的同化混染作用

岩浆熔化并与围岩及捕房体交代的作用称为岩浆同化作用。与同化作用相反,岩浆吸收围岩及捕房体中的某些成分,使原来岩浆成分发生变化的作用,称为岩浆混染作用。因此,只要岩浆与围岩及捕房体发生过熔化、交代作用,则必然既有同化作用,又有混染作用,所以通常统称为同化混染作用,简称为同化作用或混染作用。

岩浆可以熔化比它熔点低的岩石,而不能熔化比它熔点高的岩石。但岩浆可与比它熔点高的岩石交代反应,形成新的矿物。

同化混染作用不仅可改变岩浆成分,而且能使岩浆降温、晶体析出,促进分异作用。晶体析出引起岩浆的热量与挥发分的增加,又促进同化混染作用的加强。因此,同化混染作用是岩浆岩多样性的重要原因之一。同化混染作用主要见于花岗岩类侵入岩。

同化混染的强度主要取决于岩浆的温度、岩浆中挥发分的多少、围岩性质、岩浆化学性质的关系。

同化作用的标志是:岩浆岩体的成分与其围岩、捕房体成分有关;受过改造的捕房体发育;岩石结构、构造、成分、颜色极不均一,具斑杂构造;常见反常的结晶顺序及反环带结构;捕房晶较多;有的岩浆岩中见有他生矿物。

同化混染与成矿关系密切。如花岗质岩浆同化灰岩易形成铁矿,同化锰质灰岩易形成锰矿,同化泥质岩易形成钨矿。

二、侵入岩的产状和相

(一)侵入岩的产状

侵入岩的产状主要是指侵入体产出的形态,包括侵入体的形态、大小与围岩的关系以及侵入时的构造环境(见图13-12)。

1. 整合侵入体

侵入体的接触面基本上平行于围岩层理或片理,是岩浆以其机械力沿层理或片理等空隙贯入形成的,包括以下主要产状类型:

(1)岩盆:岩浆侵入岩层之间,中部受岩浆静压力使底板下沉断裂,形成中央微凹的盆状侵入体。

(2)岩盖:上凸下平的穹隆状水平整合侵入体。

(3)单斜岩体:单斜岩层间的整合侵入体。

(4)岩床(岩席):厚薄均匀的近水平产出的与地层整合的板状侵入体。

(5)岩鞍:产于强烈褶皱区。褶皱过程中,岩浆挤入褶皱顶部软弱带——背斜鞍部或向斜槽部所形成的同生整合侵入体。

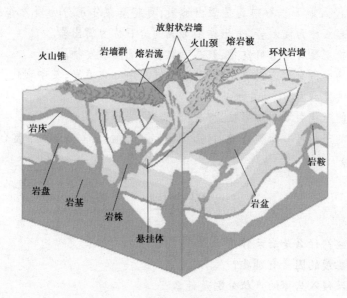

图 13-12 侵入岩的产状示意图

2. 不整合侵入体

（1）岩墙：厚度比较稳定近于直立的板状侵入体，是岩浆沿断裂贯入的产物。

（2）岩脉：一般指规模比较小，形态不规则，厚度小且变化大，有分叉及复合现象的脉络状岩体。

（3）岩株：是一种常见的不整合的规模较大的侵入体，平面上近于圆形或不规则等轴形，接触面陡立，似树干状延伸，又称岩干，出露面积小于 $100~km^2$。岩株边部常有一些不规则的岩枝、岩镰、岩瘤。

（4）岩基：属巨型侵入体，面积大于 $100~km^2$，平面上通常呈长圆形。

（二）侵入岩的相

侵入岩的相的划分主要是以岩石形成的深度为依据的，深度不同，则影响到岩浆的温度、压力、冷却快慢、挥发分的散失等一系列物化条件，这些条件与岩石的成因及岩石外貌、成分有不可分割的关系。

目前，一般将侵入岩分为三种相：浅成相（0～3 km）、中深成相（3～10 km）、深成相（> 10 km）。

浅成相与次火山相特征很相似，区别是看它们是否与火山岩有成因联系，如果与火山岩为"四同"关系（同空间、同时间、同成分、同演化规律），则为次火山相，否则就是浅成相。

小　结

1. 岩浆是地壳深处和上地幔形成的一种炽热、黏稠、含挥发分的硅酸盐熔融体。

2. 岩浆的黏度主要与岩浆的氧化物（成分）、挥发分、温度和压力有关。

3. 岩浆作用是指形成于地下深处的岩浆沿着静岩压力较小的破碎带或软弱带向上运移或喷溢到地表而凝结成岩的过程。

4. 根据岩浆侵入地下岩石中还是喷出地表,可将岩浆作用分为侵入作用和喷出作用。侵入作用形成的岩石称为侵入岩,喷出作用形成的岩石称为喷出岩。

5. 火山喷出物主要有气态喷发物、液态喷发物和固态喷发物。

6. 火山喷发的类型有熔透式喷发、裂隙式喷发及中心式喷发,其中现代火山喷发以裂隙式喷发和中心式喷发为主。

7. 喷出岩体的产状主要有熔岩被、熔岩流、岩钟、岩针等。

8. 侵入岩体的产状可分为整合侵入(岩床、岩盖、岩盆、岩鞍等)和不整合侵入(岩墙、岩脉、岩株、岩基等)

思考题

1. 什么是岩浆? 什么是岩浆作用?

2. 影响岩浆黏度的因素有哪些?

3. 喷出岩体及侵入岩体的产状分别是什么?

项目十四 变质作用

学习目标

本项目主要介绍变质作用的概念、变质作用的因素、变质作用的方式和变质作用的类型等基本知识。通过本项目的学习,熟练掌握变质作用的概念、引起变质作用的因素,掌握接触变质作用、动力变质作用、区域变质作用和混合岩化作用的特征。

【导入】

在漫长的地质历史时期,地壳中已经形成的岩石与周围的物理、化学条件之间处于平衡或稳定状态,但是这种平衡和稳定状态是相对的和暂时的,由于地壳运动、岩浆活动和地热流变化等内力地质作用,它们所处的物理、化学条件发生变化,原有平衡就会遭到破坏,原岩的成分、结构、构造等发生改造与转变,从而形成在新的环境下稳定的岩石,这就是变质作用的结果。

【正文】

变质作用是指在地壳形成和演化过程中,由于内力地质作用引起物理、化学条件的改变,使已存在的地壳岩石,在基本保持固态的条件下,从原岩的化学成分、矿物组成、结构和构造等方面发生变化的作用。经变质作用形成的新岩石称为变质岩,变质作用的原岩可以是沉积岩、岩浆岩及变质岩。

变质作用形成的变质岩是一种转化岩石。根据原岩不同,变质岩可分为两类:一类是由岩浆岩经变质作用形成的变质岩,称为正变质岩;另一类是由沉积岩经变质作用形成的变质岩,称为副变质岩。通常变质岩以其所含特征变质矿物和变质构造与其他岩类相区别。变质岩约占地壳总体积的27.4%,是地壳的重要组成部分。变质岩记录了地壳演化的历史,是探讨地壳形成演化的重要方面。变质岩在我国分布很广,时代越久,数量越多,从前寒武纪至新生代都有变质岩的形成,主要分布于构造运动剧烈的地带和岩浆岩体的周围,在我国山东、河北、山西、内蒙古等地均有大面积出露。在变质岩系中蕴藏着丰富的矿产资源,如铁、锰、铜、铀、石墨、石棉等。对它们的研究有助于揭示地球早期的演变史,也对寻找变质矿产有重大意义。

任务一 变质作用的因素

变质作用是自然界的一种内动力地质作用。地壳中已有岩石变质的原因,从根本上来说,是由地壳发展到一定阶段一定地区的地质环境所决定,并和地壳运动、岩浆活动和地热流变化等相联系。但从另一方面来看,决定变质岩矿物和构造特征的直接控制因素则是变质作用当时的物理条件和化学条件的改变,物理条件主要指温度和压力,而化学条件主要指从岩浆中析出的气体和溶液。如岩浆侵入可引起接触变质,构造运动引起动力变质,区域变质与各时代地壳活动带的特定环境及构造运动和深部热流上升等因素有关。因此,引起岩石变质的直接原因是温度的变化、压力的增大,具有化学活动性流体的作用,它们在变质作用过程中通常是相互联系、共同作用的。

一、温度

温度是引起岩石发生变质作用的基本因素,大部分变质作用都是在温度升高的条件下发生的,温度不仅控制着变质作用的发生和发展,也制约着流体的活性和岩石变形性质。温度可以提供变质作用所需要的能量,使岩石中矿物的原子、离子或分子具有较强的活动性,削弱这些质点之间的连接力,促使一系列的化学反应和结晶作用得以进行。同时,温度增高还可使矿物的溶解度加大,使更多的矿物成分进入岩石空隙中的流体内,增强了流体的渗透性、扩散性及化学活动性,促进了变质作用的过程;温度升高还可改变岩石的变形状态,从脆性变形向塑性变形转变。变质作用的温度范围由150~200 ℃直到700~900 ℃,低于这一温度的作用属于沉积岩的固结成岩作用,高于这一温度的作用属于岩浆作用的范畴,温度再升高,将引起岩石重结晶作用和形成新矿物。温度变化可使岩石发生如下的变化:

一是发生重结晶作用。在温度及其他因素影响下,必然会使岩石中矿物晶体内质点的活力增强,使岩石发生重结晶,使那些没有结晶的矿物结晶,已结晶的矿物晶体由细变粗,这种作用称为重结晶作用(见图14-1)。例如,隐晶质的石灰岩经重结晶作用之后变为显晶质的大理岩,重结晶前后岩石的化学成分和矿物成分基本不变。

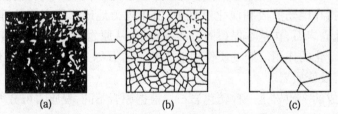

(a)　　　　　　　(b)　　　　　　　(c)

图14-1　重结晶作用示意图

二是发生重组合作用。岩石受热,可以促进矿物成分间的化学反应,重新组合结晶,形成新的矿物。重组合作用实质上也是一种形成新的变质矿物的重结晶作用。重组合作用不仅改变了原岩的结构、构造,而且也改变了矿物成分,但岩石总的化学成分基本上未发生变化。例如,高岭石和其他黏土矿物在高温影响下可形成红柱石和石英:

$$Al_4[Si_4O_{10}](OH)_8 \xrightarrow{500\ ℃} 2Al_2SiO_5 + 2SiO_2 + 4H_2O$$
高岭石　　　　　　　　红柱石　石英

又如,含有 SiO_2 等杂质的硅质灰岩温度升高时则可变质形成新的变质矿物硅灰石:

$$CaCO_3 + SiO_2 \xrightarrow{500\ ℃} CaSiO_3 + CO_2 \uparrow$$
方解石 石英　　　　硅灰石

导致岩石温度升高的主要原因有:①岩浆的侵入作用使得围岩的温度升高;②地壳浅部岩石进入更深部时,地热增温使得原岩温度升高;③由深部热流上升所带来的热量使岩石的温度上升;④岩石遭受机械挤压或破裂错动时机械能转化为热量使得温度上升。

二、压力

岩石的变质作用通常都是在一定外界压力状态下进行的,是引起岩石变形和变质的重要因素,所以压力是控制变质作用的重要因素,压力的大小及其变化可决定变质反应的方向。根据压力的性质可分为静压力和动压力两类。

(一)静压力

静压力又称为围压,是上覆岩层对下伏岩层的负荷压力,它具有均向性,并且随着深度增加而增大。

静压力对原岩的变质主要产生以下两方面的影响:

(1)静压力随着深度增加,其负荷压力越大。在离地表 40 km 深度范围内,深度每增加 10 km,压力增加 279 kPa。该压力无论多大都不会使岩石遭到破坏,而使岩石压缩,导致矿物中原子、分子或离子间的距离缩小,促使矿物内部结构改变,形成密度大、体积小的新矿物。如红柱石(Al_2SiO_5)是在压力较低的环境下形成的,相对密度为 $3.1 \sim 3.2$ g/cm^3,当静压力增大时,形成化学成分相同、分子体积较小的蓝晶石(Al_2SiO_5),其相对密度为 $3.56 \sim 3.68$ g/cm^3。

(2)静压力越大,温度的影响越大。静压力的增大可以使吸热反应的温度升高。当岩石在静压力和温度相结合的情况下,则会发生矿物的重结晶作用和重组合作用,甚至部分熔融,并形成分子容积(相对分子质量与相对密度之比)小、相对密度大的一些矿物。例如在方解石和石英形成硅灰石的变质反应中,当静压力为 1×10^5 Pa 时,温度达 470 ℃时反应就可进行;若静压力为 $5\,000 \times 10^5$ Pa,温度需增加到 800 ℃时反应才能进行。

(二)动压力

动压力又称为定向压力,也称为应力,是由构造运动所产生的具有一定方向的压力。动压力只存在于一定的方向上,因而使得岩石在不同方向上产生了压力差。这种压力差在变质作用中有着十分重要的意义,一方面可使它变形或破碎;另一方面也可使它重结晶,并使岩石中片状或柱状矿物在垂直于应力方向生长、拉长或压扁,形成明显的定向排列,从而改造了原岩的结构与构造。

三、化学活动性流体

化学活动性流体是指在变质作用过程中存在于岩石空隙中的一种具有很大的挥发性和活动性的流体。岩石在变质作用过程中虽然基本保持固态的条件,但仍有少量流体相参加。具有化学活动性的流体,主要来自岩浆和深层热水溶液,也可以是原来的岩石中的流体。这种流体成分主要是水、二氧化碳以及氧、氟、硼、氯等,总量一般不超过 $1\% \sim 2\%$。在地下温度、压力较高的条件下,这种流体常呈不稳定的气-液混合状态存在,因而具有较强的物理、化学活动性,所以在变质作用中起着重要作用。

化学活动性流体可以促使原岩中的矿物或矿物的某些组分溶解和迁移,发生各种化学交代反应,引起原岩物质成分的变化,形成新的矿物和岩石。同时,这些流体还可成为促进矿物或组分之间化学反应的催化剂,加速变质矿物的形成。另外,流体溶液的存在还会大大降低岩石的重熔温度,使岩石在较低温度下出现部分熔融。例如,由于岩浆侵入,地下深部的岩石经常受到岩浆析出的水汽、各种挥发分以及热水溶液的作用,产生一系列化学反应,形成新的变质矿物。如菱镁矿在热水作用下形成滑石:

$$3\,MgCO_3+4SiO_2+H_2O \longrightarrow Mg_3[Si_4O_{10}][OH]_2+3CO_2$$
　　菱镁矿　　　热水　　　滑石

上述各种变质作用因素在变质作用中不是孤立的,通常都是同时存在、相互联系、相互影响、共同作用的,在不同的情况下起主要作用的因素会有所不同,并且随着时间的推移而发生变化。一般情况下,温度起主导作用,配合着压力和溶液的活动。温度一般是最重要因素,它不仅控制着变质作用的发生和发展,也制约着流体的活性和岩石变形性质;压力也是影响物化平衡的独立因素,有时对矿物组合起决定作用;流体是变质作用得以实现的基本因素,但温度又是流体具有活动性的前提,只有在温度和压力的共同参与下,以组分形式加入,才能作为影响变质作用的因素之一。

任务二　变质作用的方式

在温度、压力及化学活动性流体的作用下,原岩可发生物质成分和结构、构造的变化。但是,这一变化是如何得以完成的呢?不同的变质作用类型的主导因素及其过程是不相同的,而变质反应的产生和进行也受到这些因素的控制,其结果是使岩石的成分、结构、构造发生改变,这种改变与变质作用的方式有关。变质作用的方式就是岩石变质过程中成分、结构、构造发生转变的机制和形式。对某一种变质作用类型来说,可以是一种变质作用方式,也可以是两种或两种以上的变质作用方式;不同的变质作用类型有不同的或特定的变质作用方式。了解变质作用的方式有助于我们了解变质作用的过程。

变质作用的方式是指变质作用过程中,导致岩石的矿物组分、结构、构造转变的过程。变质作用的方式极其复杂多样,其主要的方式有五种:重结晶作用、变质结晶作用、交代作用、变质分异作用、变形及碎裂作用。

一、重结晶作用

重结晶作用是指岩石在变质过程中,原岩中的矿物发生溶解、组分迁移和再次沉淀结晶而不形成新的矿物相的过程。

重结晶作用是在封闭系统中进行的,与体系外只有能量交换、矿物的重组合,无变质反应、无矿物成分变化,仅有结构变化。结构上矿物颗粒变粗,颗粒相对大小逐渐均匀化,颗粒外形变得较规则。构造上基本不发生改变,当变质不完全时可形成斑点、斑杂状构造。最典型的例子是隐晶质的石灰岩经重结晶作用后变成颗粒粗大的大理岩,其主要矿物成分均为方解石。

二、变质结晶作用

变质结晶作用是指在特定的温度压力范围内,固体岩石内部的不同化学成分重新组合,结晶形成新矿物的过程。变质结晶作用发生前后,岩石的总体化学成分不变,无物质的带出与带入。作用过程是在一个封闭的系统中进行的,只是岩石内各化学组分的重新组合,并以化学反应的方式完成,所以又称为重组合作用或变质反应。变质结晶作用形成新矿物的途径主要有同质多象转变和脱水(及水化)反应。

(一)同质多象转变

同质多象转变不包含 H_2O 和 CO_2 的释放或吸收的固相之间的变质反应。化学组成相同的固体,在不同的热力学条件下,常会形成晶体结构不同的同质异象体。例红柱石、蓝晶石、硅线石三者之间的同质多象转变,红柱石为低温低压条件下的稳定矿物,在低温高压可转变为蓝晶石;在高温高压条件下,红柱石、蓝晶石都可转变为硅线石。它们的成分相同,但在不同温度和压力下表现为三种不同的矿物。

(二)脱水(及水化)反应

脱水(及水化)反应为原有矿物或矿物组合随温度升高,释放出水而形成另一种矿物的过程。

$$Al_4[Si_4O_{10}](OH)_8+4SiO_2 \longrightarrow 2Al_2[Si_4O_{10}](OH)_2+2H_2O$$
高岭石　　　石英　　　　叶腊石

$$Al_2[Si_4O_{10}](OH)_2 \longrightarrow Al_2SiO_5+3SiO_2+H_2O$$
叶腊石　　　　红柱石　石英

变质结晶作用中新矿物的形成可通过多种途径,普遍的现象是通过几种矿物所含组分之间的化学反应,重新合成新矿物,其中有些作用过程不涉及 H_2O 和 CO_2 等流体溶液,但多数反应常有这些流体相直接参加。除同质多象转变和脱水(及水化)反应外,还有脱碳酸盐化作用,氧化和还原作用形成新矿物,如赤铁矿变成磁铁矿等。

变质结晶过程中新矿物的出现与原矿物的消失是同时进行的,当过程不完全时有原矿物的残留。可以有体系外组分的加入,也可以是体系内组分的调整。新矿物常为特征变质矿物。结构上普遍发育变晶结构,常见斑状变晶结构;当有稳定矿物或残余矿物时,可形成包含变晶、筛状变晶结构等。以变成构造为主,变质反应不彻底时具变余构造。

三、交代作用

交代作用是指变质过程中,化学活动性流体与固体岩石之间发生的物质置换或交换作用,其结果不仅形成新矿物,而且岩石的总体化学成分发生改变。其特征是既有物质的带入和带出,又有新矿物的形成。例如,含 Na^+ 的流体与钾长石发生交代作用而置换出 K^+,形成新矿物钠长石:

$$KAlSi_3O_8+Na^+ \longrightarrow NaAlSi_3O_8+K^+$$
钾长石 带入　　　钠长石 带出

交代作用的进行一般是在固态下进行时,随着一定数量组分从外部带入岩石中,并在其中富集,另一些组分被带出,交代作用前后岩石的总体积基本保持不变,原矿物的溶解和新矿物的形成几乎同时进行。交代作用是在开放系统中进行的,反应前后岩石的总体化学成分发生改变。交代作用在变质过程中是比较普遍的,凡有化学活动性流体参加的情况下,总会有不同程度的交代作用发生。

四、变质分异作用

变质分异作用是指在变质作用的物理、化学条件下,原岩本身的某些矿物组分经扩散作用而不均匀聚集的过程。其特征是成分均匀的原岩经变质作用后造成矿物组分不均匀,岩石总体化学成分不变。变质分异作用的方式有以下三种。

(一)侧分异作用

侧分异作用是指在地壳浅部,当刚性岩石在变质作用过程中受应力时,可出现各种裂隙,两侧岩石由于所受压力大于裂隙中流体相的压力,产生的压力差导致组分溶解,迁入裂隙并沉淀结晶形成新矿物的过程。这些新矿物组分来自两侧的岩石组分。

(二)成核作用

由于不同矿物表面能的差异,在变质过程中,表面能相当的矿物趋于集中在一起成核,造成矿物分群集中的过程叫成核作用。在一般岩石中,钙、铁、镁质硅酸盐和长英质矿物之间矿物表面能差别最大,最易于分别集中,各自聚集成条带状或团块状等。

与交代作用、变质结晶作用等的不同在于,组分在封闭系统内发生溶解→迁移→沉淀,过程中无组分的交换和变质反应。变斑晶的生长受成核作用的影响,但其过程中有组分的重组,形成了新的矿物相,因而不能完全视为变质分异作用。

(三)机械分异作用

在应力作用下,原矿物通过晶格滑移方式及再沉淀方式发生迁移、聚集、分带集中的过程叫机械分异作用。矿物的分带不是简单的、宏观的机械运动过程,而是以微观的或化学方式为主。其过程仍然处于封闭系统中。

一般情况下,变质分异作用没有新组分的加入和新矿物的形成,原有组分也无迁出;但出现组分和矿物的分带现象。因此,变质分异作用在改造原岩构造面貌中起重要作用。可造成一些同种或同类矿物发生聚集,出现条带状、线状或面状等分布特征,从而形成条带状、片状、片麻状等典型的变质岩构造。

五、变形及碎裂作用

变形及碎裂作用是指在变质过程中,由于应力的作用,岩石和矿物发生变形和破碎的作用。变形及碎裂作用是在封闭系统条件下进行的,一般情况下,可出现重结晶和变质结晶等,从而改变原岩的岩性。变形和碎裂的强度与应力大小、作用方式和持续时间及岩石本身的力学性质有关。岩石能否变形及岩石变形性质,主要取决于岩石本身的物理性质和岩石所处的外部环境。例如,长英质岩石比铁镁质岩石易发生塑性变形,较高的温度和静压力条件利于发生塑性变形等。

变形和碎裂作用的关键在于岩石和矿物的形变,颗粒因机械破裂而变小,变形及碎裂作用过程中以矿物、岩石的变形和破碎为主,由不均匀向高度均匀方向进行。例如,构造角砾岩变为碎粉岩,初糜棱岩变为超糜棱岩等。

对某一变质过程来说,变质作用的方式常常不是单一的,可以是以某一方式为主,其他方式共同起作用,其原因主要在于变质作用的影响因素及原岩特征和所处的环境。

任务三　变质作用的类型

变质作用类型的划分方案有很多,有的侧重于地质特点,有的侧重于物理、化学条件,有的侧重于矿物组合和变形作用所产生的结构、构造特点。合理的分类应是一个综合分类,既要考虑变质作用形成时的大地构造环境,又要以反映热流变化的变质相和变质相系为基础。最常见的分类是按地质产状划分的,由于引起岩石变质的地质条件和主导因素不同,变质作用类型及其形成的相应岩石特征也不同。本任务着重介绍接触变质作用、动力变质作用、区域变质作用和混合岩化作用。

一、接触变质作用

接触变质作用是指岩浆活动过程中,在岩浆侵入体与围岩之间的接触带上,由于岩浆带来的温度和挥发性物质所引起的变质作用。接触变质作用所需的温度较高,一般为 300 ~ 800 ℃,有时达 1 000 ℃;所需的静压力较低,仅为 $(1 \sim 3) \times 10^8$ Pa。变质因素主要是温度和化学活动性流体,根据变质因素的不同,可分为以下两类。

(一)热接触变质作用

热接触变质作用又称为热力接触变质作用,简称热接触作用,是指岩浆活动过程中,在侵入岩体周围,由岩浆侵入时的扩散热能引起接触带围岩的矿物成分和结构、构造发生变化的一种变质作用。引起变质的主要控制因素是温度,在 250 ~ 6 500 ℃范围内。由于热量是由岩浆岩体向外逐渐传递和扩散的,所以在侵入岩体周围常出现有岩体向外温度逐渐降低的热变质作用,变质程度向外减弱。变质作用的主要方式为重结晶作用和变质结晶作用,岩石受热后发生矿物的重结晶、脱水、脱碳以及物质成分的重组合,形成新矿物与变晶结构。它主要表现为原岩成分的重结晶,如石灰岩变为大理岩、石英砂岩变为石英岩等;有时,原岩的化学成分重新组合形成新的矿物,如硅质灰岩变成硅灰石灰岩、含镁质灰岩变成蛇纹石大理岩、泥质岩石变成红柱石角岩等。但由于没有明显的交代作用,岩石变质前后的化学成分基本上没有改变。常见的热接触变质岩石有以下四种:

(1)斑点斑岩:具有斑点状构造。岩石重结晶程度低,多为变余泥状结构,有时出现显微鳞片及粒状变晶结构。矿物成分的重组合不普遍,仅有少量石英、绢云母、绿泥石等矿物,常呈斑点状。原岩主要是黏土岩、凝灰岩等,其变质温度较低。

(2)角岩:具有显微粒状变晶结构,主要为块状构造。岩石常很致密、坚硬。原岩可以是泥质、粉砂质、砂质的沉积岩,也可以是岩浆岩。因原岩成分不同以及变质程度的差异,角岩中的矿物多种多样。其中,具有变余层理者称为角页岩,是由页岩或富含泥质的沉积岩变来的,致密坚硬并常具有变余层理及变余交错层理等构造。颜色常为暗色,具有灰绿色、灰黑色、肉红色等色调。

(3)大理岩:主要由方解石组成,为粒状变晶结构,块状构造,常有变余层理构造。原岩为石灰岩。纯粹的大理岩几乎不含杂质,洁白似玉,称汉白玉。多数大理岩因含有杂质而显示不同颜色的条带。如蛇纹石大理岩因含蛇纹石而显绿色条带,是由含镁质石灰岩变质而来的。

(4)石英岩:主要由石英组成,具有粒状变晶结构,块状构造。岩石极为坚硬。原岩为石英砂岩。

（二）接触交代变质作用

接触交代变质作用又简称接触交代作用，引起变质的因素除温度外，岩浆中挥发分的加入使接触带内外的岩浆岩和围岩发生交代而发生变质的作用。特征是以交代作用为主，变质前后原岩化学成分发生变化，并有新矿物的形成。

从岩浆中分泌的挥发性物质和热液进入岩石裂隙，在一定的温度、压力条件下，与岩石发生化学反应，原有矿物被破坏，同时形成新的矿物，其结果是原有矿物逐渐为新矿物所代替。交代过程是在有气液参与的固体状态下进行的，新矿物与原有矿物是等体积交换的。这种变质作用，不仅导致岩石矿物成分和结构的变化，而且引起化学成分的变化。接触交代变质作用发生在侵入体与围岩的接触带上，同时影响到围岩及侵入体的边缘。特别是富含挥发分的中酸性侵入体与碳酸盐岩接触，常引起强烈的交代作用，形成硅卡岩。从岩浆中析出的气水热液往往挟带某些金属和非金属元素，通过交代作用可形成接触交代矿床，称为硅卡岩型矿床。我国大量中小型含金的富铜、富铁矿床（如湖北铜绿山铜矿床、湖北大冶铁矿床、安徽铜官山铜矿床）大多是硅卡岩型矿床。

硅卡岩是主要由富钙或富镁的硅酸盐矿物组成的变质岩。主要矿物是石榴子石、绿帘石、透闪石、透辉石、阳起石、硅灰石等，有时还有云母、长石、石英、萤石、方解石。硅卡岩经常包含 2~3 种主要矿物及一些次要矿物，多数硅卡岩含有铁、镁质硅酸盐矿物，常为暗绿色或暗棕色。部分硅卡岩主要由硅灰石、透闪石等浅色矿物组成，为浅灰色。岩石常为粒状或不等粒状变晶结构，条带状、斑杂状和块状构造。硅卡岩主要分布在中、酸性侵入体与碳酸盐岩的接触带上（见图 14-2）。

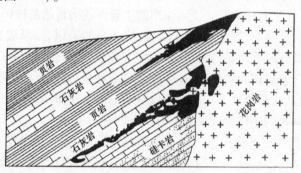

图 14-2　硅卡岩产状示意图（据杨伦等，1998）

二、动力变质作用

动力变质作用又称碎裂变质作用，指由于地壳运动产生的构造应力使岩石发生破碎、变形和重结晶的作用。其特点是低温、高应变速率、重结晶不强烈，往往与断裂带有关。其变质因素以机械能及其转变的热能为主，常沿断裂带呈条带分布，形成断层角砾岩、碎裂岩、糜棱岩等，而这些岩石又是判断断裂带的重要标志。根据变质环境和方式不同，可分为碎裂变质和韧性变形两种类型。

（一）碎裂变质

在地壳的浅部，岩石呈脆性，当应力超过岩石强度极限时，岩石便会被压碎或磨碎，产生碎裂变质，有代表性的岩石是构造角砾岩。

（二）韧性变形

在地壳中、深部，温度和压力较高，岩石具塑性，在断裂带中的岩石一般不发生明显的破裂，而是以强烈韧性剪切变形或塑性流动为主，有代表性的岩石是糜棱岩。其特征是细粒化，并具有明显的定向构造。

其代表性岩石有以下三种：

（1）构造角砾岩。是在断裂带中由于应力作用，原岩破碎成角砾状并被碎裂的细屑及部分外来的溶解物质胶结的岩石。在动力变质作用形成的岩石中，构造角砾岩是破碎程度最轻的，具破碎角砾结构，角砾大小不一，排列杂乱无章，有时因挤压、滚动而稍有圆化和定向排列，还可能出现裂隙和压扁现象，不过仍保持原岩的岩性特征。

（2）碎裂岩。是指具碎裂结构或碎斑结构的岩石。碎裂岩由原岩在较强应力下挤压破碎而成，主要发育在刚性岩石（如花岗岩和石英岩）中较为常见。碎裂岩较构造角砾岩碎裂程度高。

（3）糜棱岩。是指具有糜棱结构的岩石。强烈的压扭应力和较高温度使原岩发生错动、研磨、粉碎并重结晶出现新矿物。糜棱岩颗粒粒径小于 0.5 mm，致密坚硬，往往分布在断裂带的两侧，有时在断面上见有透镜体、呈定向排列的碎斑。糜棱岩的原岩多为化学性质稳定的岩石，如花岗岩、石英砂岩等。具有明显千枚状构造的糜棱岩称为千糜岩。

三、区域变质作用

区域变质作用是最常见的变质作用，是在广大范围内发生，并由温度、压力以及化学活动性流体等多种因素引起的变质作用。区域变质作用影响范围可达数千到数万平方千米，影响深度可达 20 km 以上。区域变质作用的温度在 200~800 ℃，压力变化在 $2\times10^8 \sim 10\times 10^8$ Pa。除静压力外，定向压力常起重要作用。区域变质作用的发生常常和构造运动有关，构造运动可以对岩石施加强大的定向压力，使岩层弯曲、揉皱、破裂；也可以使浅层岩石沉入或卷入地下深处，以遭受地热增温和围压的作用；或使深层岩石推挤到表层。构造运动还能导致岩浆的形成与侵入，从而带来热量和化学物质；或从地下深处引来化学活动性流体。此外，由构造运动所造成的破裂是热能和化学能向围岩渗透的良好通道。因而，构造运动为岩石的区域变质创造了极为有利的物理、化学条件。

在区域变质作用中，温度与压力总是联合作用并相辅相成的。一般来说，地下的温度与压力随深度增加而增长。但是，由于不同位置的地壳结构与构造运动性质不同，因而温度与压力随深度而增长的速度并非处处相同。有的变质地区压力增加慢，而温度增加快；有的变质地区压力增加快，而温度增加慢，这样就出现了不同的区域变质环境。目前，把区域变质作用分为许多类型，其主要类型有以下几种。

（一）区域中、高温变质作用

这种变质作用的温度一般为 550~900 ℃，压力一般为 5 亿~10 亿 Pa，常常发生在地壳演化的早期，变质相以麻粒岩相（温度稍高）、角闪岩相（温度稍低）为主。由于变质作用发生于较高的温度和压力条件下，重熔混合岩化比较发育。形成岩石主要为各种片麻岩、麻粒岩、角闪岩、混合岩等，并主要见于太古宙岩层中。

（二）区域动力热流变质作用

区域动力热流变质作用又称区域动热变质作用，或造山变质作用，主要见于各大褶皱带

（所谓造山带），多呈长条带状分布，因岩石所处部位不同，变质温度可以由低到高，高可到700~850 ℃；压力也可以由低到高，为2亿~10亿Pa。因此，沿着褶皱带常形成宽度不等的递增变质带。由于这种变质作用同时受到不同应力的作用，岩石变质后具有明显的叶理或片理构造。伴随着强烈的褶皱运动或构造运动，常有大规模中、酸性岩浆侵入活动，并导致区域性混合岩化作用。如我国祁连山褶皱带和秦岭褶皱带等，都属于这种区域变质作用范畴。所出现的变质岩石可以从深度到浅度变质，如从混合岩、片麻岩、片岩到千枚岩、板岩等。

（三）埋藏变质作用

埋藏变质作用又称埋深变质作用、静力变质作用、负荷变质作用或地热变质作用，主要指沉积岩层（如地槽区）或火山沉积物随着地壳下沉和埋藏深度递增，在地热影响下引起的区域性变质作用。这种变质作用形成温度较低，最高可达400~500 ℃，但压力可以从低到高，所以常形成低温而压力不高的变质矿物如沸石类矿物，也可以形成低温高压的变质矿物如蓝闪石等。此外，还可形成高温、高压的榴辉岩。埋深变质作用与岩浆侵入作用和构造运动应力作用无关，故与变质作用同期的花岗岩很不发育，也不见有混合岩，所形成的变质岩一般缺乏片理构造。关于埋深变质作用的成因，除与地壳下沉有关外，目前更认为与大断裂构造特别是岩石圈板块沿俯冲带下沉有关。

（四）洋底变质作用

洋底变质作用指大洋中脊附近的变质作用。大洋中脊是洋壳裂开、地下岩浆（主要为玄武岩质）涌出、新洋壳生长的所在，它的下部具有速率较高的热流，而且其速率随深度增加而增加，使原有的玄武岩（包括辉长岩）发生变质。由于洋底不断扩张，新生洋壳产生侧向移动，把这些受到变质的基性岩推移到大洋中脊两侧的大洋盆中。其变质相主要为沸石相、绿片岩相等，但变质岩的矿物组合常随深度不同而不同，出现相的规律变化。

在区域变质作用中，原岩的矿物可以发生重结晶作用、重组合作用以及交代作用；岩石的结构、构造也发生综合性变化，以具有鳞片变晶结构及片理构造、片麻状构造为特征。其代表性岩石有以下四种：

（1）板岩：具有板状构造。原岩主要是黏土岩，黏土质粉砂岩和中、酸性凝灰岩。重结晶作用不明显，主要矿物是石英、绢云母及绿泥石等。板岩常具变余泥状结构及显微鳞片变晶结构，是变质程度轻微的产物。板岩中含炭质者，为黑色，称为炭质板岩，其他板岩常根据颜色定名。

（2）千枚岩：具千枚构造。原岩性质与板岩相似，但重结晶程度较高，基本上已全部重结晶。矿物主要是绢云母、绿泥石及石英等。岩石具有显微鳞片变晶结构，片理面上常能见到定向排列的绢云母细小鳞片，呈丝绢光泽。千枚岩可以根据颜色定名。

（3）片岩：具有片状构造。原岩已全部重结晶。矿物主要是白云母、黑云母、绿泥石、滑石、角闪石、阳起石、石英及长石等，有时出现石榴子石、硅线石、蓝晶石、蓝闪石等。岩石中片状或柱状的矿物含量少于1/3，以鳞片变晶、纤状变晶及粒状变晶结构为主，有时出现斑状变晶结构。肉眼能清楚分辨矿物，可根据其中主要矿物（或特征性矿物）进一步命名，如云母片岩、石英片岩、绿泥石片岩、角闪石片岩、硅线石片岩和蓝闪石片岩等。

（4）片麻岩：具有片麻状构造，中、粗粒粒状变晶结构，含长石较多。主要矿物是长石、石英、黑云母、角闪石等，有时出现辉石或红柱石、蓝晶石、硅线石、石榴子石等。片麻岩中长石与石英的含量大于1/2,而且长石含量大于石英。以钾长石为主者称为钾长片麻岩,以斜长石为主者称为斜长片麻岩。此外,还可根据片状、柱状或特征性的变质矿物作补充命名,如角闪石斜长片麻岩、硅线石钾长片麻岩、黑云母钾长片麻岩等。所谓花岗片麻岩,就是其成分与花岗岩相当,由钾长石、石英及黑云母组成的片麻岩。

四、混合岩化作用

混合岩化作用是区域变质作用的进一步发展,使变质岩向混合岩浆转化并形成混合岩的一种作用。混合岩化作用的成因或方式有两种:一种是重熔作用,当区域变质作用进一步发展,特别是在温度很高时,岩石受热而发生部分熔融并形成酸性成分的熔体,重熔岩浆与已变质的岩石发生混合岩化作用,形成不同类型的混合岩;另一种是再生作用,即在混合岩化过程中,需要有外来物质的参与,一般认为地下深部也能分泌出富含钾、钠、硅的热液,这些熔体和热液沿着已形成的区域变质岩的裂隙或片理渗透、扩散、贯入,甚至和变质岩发生化学反应,以形成新的岩石。

混合岩化作用所形成的岩石称为混合岩。混合岩一般包含两部分:一部分是变质岩,称为基体,一般是变质程度较高的各种片岩、片麻岩,颜色常较深;另一部分是从外来的熔体或热液中沉淀的物质,称脉体,其成分是石英、长石,颜色常较浅。混合岩中脉体与基体的相对数量关系及其状态不同,反映了混合岩化的不同程度,相应地有不同特征的混合岩。

除上述四种主要变质作用类型外,还有一种冲击变质作用,是由陨石冲击地面时产生的极高温度和压力并在极短时间内发生的一种变质作用。它的变质范围小,仅分布在陨石冲击坑周围。

小 结

1.变质作用是一种内动力地质作用。变质作用是由温度、压力及化学活动性流体三种因素引起岩石在固体状态的变化,包括化学成分、矿物组成、结构和构造等方面发生变化。

2.变质作用的方式是指变质作用过程中,导致岩石的矿物组分、结构、构造转变的过程。变质作用主要有重结晶作用、变质结晶作用、交代作用、变质分异作用、变形及碎裂作用五种方式。

3.变质作用的基本类型为接触变质作用、动力变质作用、区域变质作用和混合岩化作用。

4.混合岩一般包括基体与脉体两部分,基体是变质程度较高的变质岩,脉体是从外来的熔体或热液中沉淀出来的物质。

思考题

1.引起变质作用的因素有哪些? 它们在变质过程中各起什么作用?

2.何谓接触变质作用? 由哪些因素引起? 代表性岩石有哪些?

3.何谓区域变质作用? 由哪些因素引起? 代表性岩石有哪些?

4.硅卡岩是何种变质作用形成的岩石? 形成哪些矿产?

5.何谓基体和脉体,它们的适用范围是什么?

第四篇　地球的历史简述

　　本篇主要介绍有关地球的内、外部圈层的形成,地壳的形成和演变,化石,古生物分类和命名,重要古生物类别简介,地壳历史简述等基本知识。

项目十五　地球的形成和演变

> ### 学习目标
>
> 　　本项目主要介绍有关地球的内、外圈层的形成及地壳的形成和演变等基本知识。通过本项目的学习,了解地球起源的假说,了解地球的内、外圈层的形成,了解地壳的形成和演变。

【导入】

　　地球是人类赖以生存的家园,为人类提供了生存的环境:土地、水、生命、适中的温度和利于生物生存的空气。地球的形成和演化一直是哲学家和自然科学家们长期探讨与争论的问题。随着科学技术的飞速发展,人类的眼界越来越开阔,掌握的证据越来越多,对地球的认识也就更加深入。地球的形成和演化与宇宙及其本身地球的物质组成,各种性质,内、外各个圈层的形成和演化以及地球的资源与环境等方面都有着密切关系。

【正文】

任务一　地球圈层的形成

　　地球起源问题自 18 世纪中叶以来存在多种学说。目前较流行的看法是,大约在 46 亿年前,从太阳星云中开始分化出原始地球,温度较低,轻重元素浑然一体,并无分层结构。原始地球一旦形成,体积和质量不断增大,同时因重力的作用与高温的影响,地球里面的物质发生部分熔融,使重者下沉,轻者上浮,出现了大规模的物质分异和迁移,形成了从里向外,物质密度从大到小的圈层结构。铁和镍比较重,向中心聚集,形成地核。较轻的硅酸盐物质形成地幔和地壳。更轻的液态和气态成分,通过火山喷发溢出地表形成原始的水圈和大气圈。从此,地球开始了不同圈层之间的相互作用,以及频繁发生物质和能量交换的演化历史。

一、原始地球的形成

原始地球怎样形成的问题是与太阳系的形成紧密联系在一起的。根据太阳系及地球起源的假说内容归纳为两大类:一类假说认为太阳系是由炽热星云凝成,行星是太阳分出来的,比太阳诞生晚一些;另一类假说认为太阳系是由星际物质积聚而成的,在积集过程才产生热,行星与太阳同时诞生。

按照前一类假说,原始行星的形成过程是由热变冷的。原始地球由热变冷的理由是:地壳先冷凝成固体,地内仍处于高温状态,火山喷发就是证明。地球经过 4 500 M 年漫长时间,大部分热量已散失,现在地内还保留着尚未散发完的残余热,那就是外核和上地幔局部地带还处于熔融状态。这是比较早期的看法。

按照后一类假说,原始行星是由冷变热的。原始地球由冷变热的理由是:地球最初是由固态物质集结的,因压缩热和放射性蜕变热才使内部温度增高。据有人计算,自地球形成以来,压缩热和蜕变热产生的热量还达不到全部地球熔化,只能是局部熔化。这是现在比较流行的看法。

两种说法的出发点不同,得出了两种相反的结论:主张地球由热变冷的认为地球还在继续冷下去,主张地球由冷变热的认为地球将逐渐热起来。了解地球内热演化是研究地球演化史的关键。

二、地球内圈的形成

原始地球可能是增积作用形成的均质固体,主要由硅、氧、铁、镁等化合物组成,地球开始是冷的,由于下列原因逐渐变热(见图 15-1):

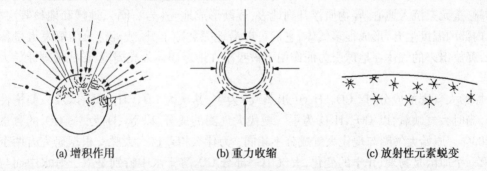

(a) 增积作用　　　　　　　(b) 重力收缩　　　　　　　(c) 放射性元素蜕变

图 15-1　地球增热的三种机制(据 press,1982)

(1)小星体碰撞、增积转换来的热能。这种热源可能是地球形成初期的主要形式,小天体的冲击、尘埃碎块的碰撞将大量的动能转换为热能。虽然一部分要散失到宇宙空间去,但仍有一部分保存下来使地球增温。

(2)压缩导致温度升高。随着地球体积的缩小,内部压力不断增高,重力压缩的结果使地球温度升高。由于岩石的导热性差,大部分热能积累起来。

(3)放射性元素蜕变生热。地球内部的铀、钍、钾等放射性元素蜕变时放出的热量,长期积累起来,造成地球升温。这种热能的积累远大于散热,所以它在地球内热演化中起重要作用。

在地球形成初期,由碰撞、压缩和放射性而产生的热量使地球温度达到 1 000 ℃或更高。地球形成的最初 10 亿年内,在深度 400~800 km 范围内,温度已上升达到铁的熔点。由于铁和镍的熔点比硅酸盐低,这时达到熔点,铁和镍首先熔化,形成熔融的金属层,同时硅酸盐开始软化,为重力分异作用创造了有利条件,于是比重大的铁、镍形成大的熔滴向地心下沉。降落过程中将释放出来的重力能转变为热能,使地球出现局部熔融状态。铁、镍最后向地心集结成为地核,与此同时,硅铝、硅镁等较轻物质上浮,冷却而成为原始地壳,二者之间的铁、镁质硅酸盐组成地幔(见图 15-2)。在长期分异作用下,地核不断加大,地核内热不再散失,致使外核保持液体状态。此时,地球出现了内部圈层结构,时间大约距今 46 亿年左右。

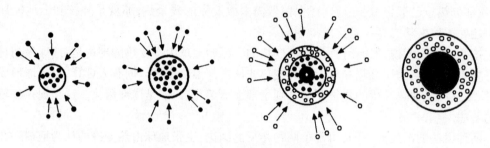

图 15-2　地球内圈形成过程示意图
(黑点和箭头表示铁、镍,白点表示硅酸盐)(据李叔达,1983)

三、地球外圈的形成

(一)大气圈的形成

在地球形成初期,由碰撞、压缩和放射性而产生的热量使地球内部的温度上升,出现局部熔融,重元素沉入地心,轻物质浮升到地表,逐渐形成地壳(岩石圈)、地幔和地核等层次。地球内部的温度上升,形成很多气体,它们可以沿地壳裂隙上升,或经过火山喷发大量释放出来,释放出来的气体在地球引力的作用下被吸附在地球固体外壳周围,形成地球原始大气层。

原始大气圈的成分,以 CO_2、H_2O(水蒸气)为主,其次为 CO、CH_4、NH_3 以及一些惰性气体等,当时大气缺氧,以 CO_2、H_2O 为主。现代大气圈的成分,以 N_2、O_2 为主,CO_2 的含量仅占 0.03%。原始大气圈与现代大气成分不相同,为什么相差这么大呢? 根据研究有两个原因:第一个原因是物理、化学的变化,大气中一部分 CO_2 溶于水中特别是溶于海水中而与钙化合成石灰岩,从而使原始大气中 CO_2 含量减少,这可以利用古老岩石成分来证明;第二个原因是有机质的变化,生物的新陈代谢特别是陆上和海中植物的光合作用摄取了一部分 CO_2。此外,在成煤和石油时放出氧而把碳留了下来。因此,大气中的 CO_2 就大大减少了。光合作用放出氧,使大气含氧量增加,氧和氨化合放出氮,使大气中氮气增加。

(二)水圈的形成

在地球形成初期火山喷发过程中,喷发出含有比较多的水分的气态物质,从地球内部逸出时温度较高,在地表温度逐渐下降,便凝结成液态水,以降水的方式汇聚在地球表面低洼处,形成海洋、湖泊、江河等水体,这就是现代水圈的出现。海洋形成后,长时期以来盐度比较稳定,没有大的变化,所溶解的气体除大量 CO_2 外,还有少量 Cl_2、O_2 等。由于火山活动不断供给水源,海水量逐渐增加,后来火山活动大大减弱,水量也基本稳定。

（三）生物圈的形成

生物圈在大气圈和水圈形成之后才逐渐开始形成。在格陵兰 Ishua 的变质岩中发现了由生物合成的有机碳，年代是 38 亿年前，这是最早的生命记录。在澳大利亚的 Warrawoona群和南非的 Onverwacht、Fig Tree 群中发现 35 亿年前和 32 亿年前的化石。最初的生命是在水圈中产生的，在液体水温 0~100 ℃范围内是生命繁殖的良好环境。生命是从无机界中产生的，这早已被人们接受。由无机物转化到有机物组成的原始生命，再由原始生命发展成细胞是一个复杂的物理化学和生物化学作用过程，要经历数亿年的时间。生物从原核细胞发展到真核细胞则需要更长的时间。在地质历史漫长的岁月中，生物由简单到复杂，由低级到高级，由水生到陆生，适应能力越来越强，最后形成繁盛的生物圈。

我们把保留在各年代地层中的生物化石按时间的先后顺序做比较，从最初原始的生命开始，直到人类的出现，整个生物界的演化趋势是不可逆的，比如绝灭的属种绝不会重新出现，正因为其不可逆性，才可作为地层时代划分对比的依据。

地球内、外圈的形成是地球在宇宙环境中演化的产物。固体地球内部圈层的形成主要与其组成物质的重力分异有关。地球外部圈层的形成稍晚于内部圈层，主要来自内部圈层的火山喷溢并经宇宙因素作用参与。生物是地壳发展特别是大气和水环境发展到一定阶段的产物，生物圈略晚于大气圈和水圈的形成。内、外圈层形成之后就开始了地球的内、外动力地质作用的过程，地球生命由行星发展时期进入了地质发展和演化时期。地球的发展演化过程中，内部层圈和外部层圈的发展是相互关联的，其历史梗概可归纳为表 15-1。

表 15-1　地球的历史梗概

地质时代	冥古宙 （距今 46 亿~38 亿年）	太古宙 （距今 38 亿~25 亿年）	元古宙 （距今 25 亿~5.7 亿年）	显生宙 （距今 5.7 亿年至今）
地球	地球形成，小行星冲击	壳、幔、核分离	中心核增长	层圈构造稳定
地壳	玄武质薄壳，局部岛弧	早期为玄武岩薄壳与岛弧，晚期出现陆核	陆核扩大形成稳定古陆，中晚期形成超大陆	大陆经历了分裂—聚合—再分裂的历史
大气圈	早期 H、He 晚期 CO_2、H_2O	无游离 O_2、CO_2、H_2O 为主	O_2 进入大气圈并逐渐增加	O_2 增加，CO_2 减少
水圈	可能为分散的浅水盆地	水圈主体形成，E_h、pH 值低	水圈积累，形成大量灰岩和白云岩	水圈稳定接近现在水平
生物圈	无记录	自养生物原核细胞生物，原始菌藻类	真核细胞生物，菌藻类繁盛	后生生物，各种植物、动物等

任务二　地壳的形成和演变

地球的年龄大约有 46 亿年。大约在 66 亿年前,银河系内发生过一次大爆炸,其碎片和散漫物质经过长时间的凝集,大约在 46 亿年前形成了太阳系。作为太阳系一员的地球也形成了。接着,冰冷的星云物质释放出大量的引力势能,再转化为动能、热能,致使温度升高,加上地球内部元素的放射性热能也发生增温作用,故初期的地球呈熔融状态。高温的地球在旋转过程中物质发生分异,重的元素下沉到中心凝聚为地核,较轻的物质构成地幔和地壳,逐渐出现了圈层结构。这个过程经过了漫长的时间,大约在 38 亿年前出现原始地壳,这个时间与多数月球表面的岩石年龄一致。地球内、外各圈层形成之后,地球也就进入了地质发展时期。组成大陆和大洋的岩石圈层为陆壳和洋壳,地壳演化历史也就是地质发展史。地壳的形成和演变对于我们认知地球、利用地球和保护地球都至关重要。

一、地壳的形成

原始的地壳成因有三大假说:地球不均匀积吸说、撞击成因说和地球成因说。其中,地球成因说得到人们的普遍认同。在 46 亿年前刚从太阳星云形成地球。初生的地球,在继续旋转和凝聚的过程中,由于本身的凝聚收缩和内部放射性物质的蜕变生热,温度不断增高,其内部甚至达到炽热的程度,于是重物质就沉向内部,形成地核和地幔,较轻的物质则分布在表面,形成地壳。初形成的地壳较薄,而地球内部温度又很高,因此火山爆发频繁,从火山喷出的气体,构成地球的还原性大气。

最早形成的地壳,尚未找到直接证据。主要有以下三种认识:

(1)长英质模型,如果地幔部分熔融程度不高,长英质岩浆的产生可先于铁镁质岩浆,或者玄武岩分馏结晶形成安山质的或长英质的地壳。

(2)斜长岩质模型,假定熔融的地幔自中心往外逐渐冷却、结晶,集不相容元素于近表层的玄武质岩浆之中。与月壳形成相似,近表层岩浆,经过分馏、结晶,集成斜长岩质浮碴斑块,约在 40 亿年以前,残余花岗质岩浆结晶,成为第一个稳定的辉长质斜长岩地壳。

(3)科马提岩-玄武岩质模型,根据对地球早期热历史的了解,有关岩浆产生的地球化学行为和试验资料,原始地壳很可能是科马提岩质的或玄武岩质的。假若原始地球存在岩浆洋,经冷却会产生科马提岩质地壳。如果未曾出现岩浆洋,或者在它固结之后,玄武岩也可为早期地壳的重要组成部分。在早太古代绿岩带岩石序列中,科马提岩和玄武岩占有重要地位,可概略说明,太古宙地壳为科马提岩质。早期地壳可能通过上地幔的广泛部分熔融产生科马提岩浆形成原始地壳,后被洋水所覆盖,形成洋壳。

地壳形成时期是指从地表熔融物质凝固形成地球最原始外壳开始到有沉积岩形成的一段地质时间。地壳和地球熔融物质凝固形成的外壳是不一样的,地壳是由火山岩、沉积岩、变质岩和陨石共同组成的地球外壳,是地球经过长期演化后而形成的。在这一地质时期,随着温度降低,熔融物质凝固过程中产生的水和俘获的水流动汇聚到张裂沟谷与大坑洼地中,形成地球上最初的水域海洋和湖。产生的气和俘获的大气留在地球表面,形成大气圈。由于地核俘获宇宙物质的不均匀,地表各处温度高低不同产生大气流动。在地壳形成时期,有了水和大气,产生了风化、剥蚀和搬运作用,开始形成沉积岩。沉积物中所含生物遗骸,其软体部分常被分解移去,硬体部分常被矿物质置换(有的被碳化)而保存下来,有机质换成矿物质的过程叫石化作用,古生物遗骸通过石化作用而形成化石,保留在沉积岩中。根据沉积岩所含化石可以确定沉积岩的地质时代,因为不同地质时代有不同化石存在,具有时间意义的岩石叫地层。其他不含化石的岩石的地质时代可由与其有关的地层用叠置关系或交切关系来确定其地质时代。根据地层时代和岩石、化石等特征就可以研究地壳发展过程了。

地球可以分为大陆和大洋,从地质学的角度,组成大陆和大洋的岩石圈层为陆壳和洋壳。地壳岩石的成因,曾有一场长期的争论:水成论和火成论的争论。魏尔纳是水成说的集大成者,水成派认为地质变化的原因是水的作用,所有的岩石都是水成岩。赫顿是火成论的代表人物,火成派认为地质变化的原因是火山的作用,所有的岩石都是火成岩。水成论与火成论的论战在 19 世纪初达到高潮。由于赫顿学说的发展,一系列新的地质事实证实了赫顿阐述的观点,火成论者终于取得了胜利。英国莱伊尔的著作《地质学原理》,又名为《普通地质学教科书》《地质学纲要》。到 1872 年共出版 11 版,中译本于 1959 年出版。莱伊尔提出地球的变化是古今一致的,地质作用的过程是缓慢的、渐进的。地球的过去,只能通过现今的地质作用来认识,即将今论古。他的这种观点被称为“均变论”。《地质学原理》对当时和以后的地质科学发展具有划时代的影响。今天来看莱伊尔火成说的最重要贡献,是它为认识到地球有地核、地幔、地壳的圈层,并由它们之间的相互作用而导致了地球演化这一地球动力学学说奠定了基础。

二、地壳运动学说

地壳运动学说也称为大地构造学说,主要是研究地质构造的分布规律,地壳运动发生的时间、运动方式和规律,以及地壳运动的起因和动力来源。地壳运动是一种复杂多样并具有一定规律的运动,对于这种运动的规律性,不同的学者提出了不同的运动模式。如槽台说模式、板块构造说模式、地球自转速度变化模式等。到目前为止,还没有一个学说能全面、完整地解释上述问题,被较多人接受的是板块构造学说,板块构造学说又称为全球构造理论,是当今最盛行的大地构造学说。

板块构造以一种总体观念把关于地球的各种科学联系在一起。地球不再是一个不变的球体,它开始成为具有演变过程和历史发展的复杂生命体。这个生命体同时是一架能不断进行自组织和再生的热力机。地壳覆盖着地幔,地幔包裹着灼热的地核,经历了分离、对流、漂移、碰撞等巨大变化。

(一)大陆漂移学说

大陆漂移的设想早在 19 世纪初就出现了,最初的提出是为了解释大西洋的两岸明显的对称性。1910 年,德国气象学家、地球物理学家阿尔弗雷德·魏格纳(Alfred wegener)患病在床上,他发现挂在墙上的世界地图,大西洋两岸的轮廓竟是如此地相对应,因此在他的脑海里就形成了非洲大陆和南美洲大陆在地质时期里曾经是在一起的,大西洋是后来从这两个大陆中间形成的,发生了大陆漂移。魏格纳最初于 1912 年发表大陆漂移观点。直到 1915 年,魏格纳的著作《大陆和海洋的形成》问世,大陆漂移说才作为一个科学假说受到广泛重视。在这本不朽的著作中,魏格纳根据拟合大陆的外形、古气候学、古生物学、地层、地质构造、古地极迁移等大量证据,认为:较轻的硅铝质的大陆块就像一座座块状冰山一样漂浮在较重的硅镁层之上,并在其上发生漂移;地球上所有大陆在中生代以前曾经是统一的巨大陆块,称为联合古陆或泛大陆,围绕联合大陆的广阔海洋称为泛大洋;自中生代开始,泛大陆逐渐破裂、分离、漂移,形成现代海陆分布的基本格局。

大陆漂移学说的论据虽然很多,但由于当时对地球内部构造和动力学知识的局限,大陆漂移的动力学机制得不到物理学上的支持。大陆漂移学说受到许多地球物理学家和地质学家的反对。到20世纪30年代,大陆漂移说便逐渐衰落下来。到了50年代,由于一些新的、独立的大陆漂移证据的发现,大陆漂移说再度活跃起来。其中,最有力的证据是古地磁学研究的成果。

(二)海底扩张学说

第二次世界大战以后,工业较发达的西方各国出于军事、资源与能源等方面的考虑,开展了广泛的海底地形与地质调查。发现海洋虽然历史悠久,海底却很年轻,几乎根本不存在时代早于侏罗纪的地层,海底沉积物很薄,火山也较少。这表明海底年龄仅有数亿年。迪茨(1961)和赫斯(Hess,1962)据此各自提出了海底扩张学说。

海底扩张学说认为,高热流的地幔物质沿大洋中脊的裂谷上升,不断形成新洋壳;同时,以大洋脊为界,背道而驰的地幔流带动洋壳逐渐向两侧扩张;地幔流在大洋边缘海沟下沉,带动洋壳潜入地幔,被消化吸收。大西洋与太平洋的扩张形式不同:大西洋在洋中脊处扩张,大洋两侧与相邻的陆地一起向外漂移,大西洋不断展宽;太平洋底在东部的洋中脊处扩张,在西部的海沟处潜没,潜没的速度比扩张的速度快,所以太平洋在逐步缩小,但洋底却不断更新,古老的太平洋与大西洋的洋底一样年轻。深海钻探的结果证实,海底扩张学说的上述观点是成立的。洋中脊处新洋壳不断形成,两侧离洋中脊越远处洋壳越老,证明了大洋底在不断扩张和更新。海底扩张学说较好地解释了一系列海底地质地球物理现象。它的确立,使大陆漂移说由衰而兴,主张地壳存在大规模水平运动的活动论取得胜利,为板块构造学说的建立奠定了基础。

(三)板块构造学说

板块构造学说是在20世纪60年代末兴起的,地球科学家归纳了大陆漂移学说、海底扩张学说的重要成果,系统地阐明了岩石圈活动与演化的重大问题,并及时地吸取了当时对岩石圈和软流圈所获得的新认识,从全球的统一角度,阐明了地球活动和演化的许多重大问题。因此,板块构造学说的提出,被誉为是地球科学上的一场革命。

板块构造学说的基本思想是:在固体地球的上层,存在比较刚性的岩石圈及其下伏的较塑性的软流圈;地表附近较刚性的岩石圈可划分若干大小不一的板块,它们可在塑性较强的软流圈上进行大规模运移;海洋板块不断新生,又不断俯冲、消减到大陆板块之下;板块内部相对稳定,板块边缘则由于相邻板块的相互作用而成为构造活动性强烈的地带;板块之间的相互作用控制了岩石圈表层和内部的各种地质作用过程,同时也决定了全球岩石圈运动和演化的格局。

1.板块的边界类型

板块边界的存在是划分板块的依据。板块的边界常常以具有强烈的构造活动性(包括岩浆活动、地震、变质作用及构造变形等)为标志。随着海底扩张学说的提出和验证,有关洋脊扩张、海沟俯冲和转换断层的概念越来越明确,这实际上已经揭示出了板块的边界类型。从板块之间的相对运动方式来看,板块边界类型有以下三种:

(1)分离型板块边界:在大洋中为洋中脊,在大陆上为裂谷带。边界两侧板块受拉张作用而相背分离运动,地幔物质沿裂谷上涌,造成大规模的岩浆侵入和喷出或形成新洋底。这种板块边界是岩石圈重要的张裂谷、岩浆带和地震带。

(2)汇聚型板块边界:相当于海沟及板块碰撞带。其两侧板块相向运动,在板块边界造成挤压、对冲或碰撞。汇聚型边界是最复杂的板块边界,又可进一步划分为俯冲边界和碰撞边界。①俯冲边界,相当于海沟或贝尼奥夫带,相邻的大洋与大陆板块发生相互叠覆。大洋板块比大陆板块密度大、位置低,故一般总是大洋板块俯冲到大陆板块之下。俯冲边界主要分布于太平洋周缘及印度洋东北边缘,沿这种边界大洋板块潜没消亡于地幔之中,故也称为消减带。②碰撞边界,又称地缝合线,是指两个大陆板块之间的碰撞带或焊接线。当大洋板块向大陆板块不断俯冲时,大洋板块可逐渐消耗完毕,最后位于大洋后面的大陆与大陆板块之间发生碰撞并焊接成为一体,从而形成高耸的山脉并伴随有强烈的构造变形、岩浆活动以及区域变质作用。现代板块碰撞带的典型例子是阿尔卑斯—喜马拉雅山构造带,其中喜马拉雅山部分的碰撞边界沿印度河—雅鲁藏布江分布,称印度河—雅鲁藏布江缝合线,它是印度板块与欧亚板块的碰撞边界。

(3)平错型板块边界:相当于转换断层,其两侧板块相互剪切滑动,水平错动。通常既没有板块的生长,也没有板块的消亡。一般分布在大洋中,但也可以在大陆出现,如美国西部的圣安德烈斯断层,就是一条有名的从大陆通过的转换断层。

2.板块的划分

根据板块边界在全球的分布及相互连接勾画出了全球岩石圈板块的轮廓。1968 年,法国地质学家勒皮雄将全球岩石圈划分为 6 大板块:太平洋板块、欧亚板块、印度洋板块(包括澳大利亚)、非洲板块、美洲板块和南极洲板块。只有太平洋板块几乎全是海洋,其余五个板块既包括陆地,又包括海洋。全球各板块之间的相对运动和板块边界的分离、走滑、俯冲与碰撞等作用构成了地球动力系统的基本格局。

板块的划分不受陆地和海洋的限制,只根据板块边界而划分。随着研究的深入,板块的划分越来越细,板块的数量也越来越多。

三、地壳的演变

现在已有足够证据证明大陆地壳和大洋地壳在地质时期中是不断演变的,对于它们的演变规律大地构造学者都在研究,还没有取得一致的看法。

(一)确定地壳演变的标志

要了解地壳的变迁,首先要判明海陆环境,确定海陆环境的主要标志是岩性和化石。海和陆是自然条件迥然不同的两个自然地理区,它们的外动力地质作用大不一样,所沉积的沉积物差别很大。根据沉积岩性质很容易识别它们是大陆沉积的还是海洋沉积的,同时在绝大多数沉积岩中都含有化石,有的岩石含化石很丰富,有的岩石中化石不多,这些化石各有自己的组织和构造特征,陆生生物与水生生物不同,淡水生物和咸水生物也不同。生物死后,遗骸的硬体部分在适合的环境下保存下来,它们的生态特点往往也被保存下来。根据化石的生态构造特征可以判断是陆生的还是水生的,是淡水的还是海水的。

(二)地壳的演变

1.冥古宙地壳

目前,地球上最古老的岩石为加拿大的阿卡斯达片麻岩(距今 40 亿年),这说明最晚在距今 40 亿年已经存在由分异作用形成的地壳。冥古宙(距今 46 亿~38 亿年)地壳特点是通过与月球对比获知的。在距今 46 亿~44 亿年间,月球上熔融深度达到 1 000 km 附近,形成了岩浆海,随着它的冷却,形成了大约 60 km 厚的以基性岩为主的岩石圈。地球在冥古宙时比月球更强烈地遭受到陨石的轰击,被岩浆海覆盖。在岩浆海冷却固结时,地壳以基性岩为主,经分异在局部形成了花岗岩质的原始地壳,并有微弱板块活动。

2.太古宙地壳

太古宙(距今 38 亿~25 亿年)时地壳处于早期发展阶段。在太古宙早期,地壳可能比较薄,大部分为脆弱的以基性岩为主的岩石圈层。可能仅在发生板块挤压、俯冲的地区,由于岩浆的分异作用与岛弧的形成,出现一些孤立的、以岛弧形式为主的原始陆壳。随着岛弧的逐渐增大,板块俯冲作用与岩浆活动也逐渐增强,地幔、地壳物质交换剧烈,使得以中、酸性为主的陆壳物质不断增长。同时,火山岛弧被风化、剥蚀下来的碎屑物质,经过搬运后沉积在岛弧附近的水域,形成最早的沉积岩,并进一步扩大了陆壳的分布范围。这样不断进行,使得陆壳不断增长,而由于陆壳为较轻的物质,它们在俯冲过程中很少进入到地幔中。于是,在太古宙中、晚期,地壳上已出现了一些分散的、孤立的较小古陆(或称为陆核)。

3.元古宙地壳

(1)古元古代(距今 25 亿~18 亿年),古陆核逐渐扩大,地壳的稳定性得以加强。到古元古代末期,地壳上发生广泛的构造运动,一些不同规模的古陆核发生拼合,形成规模较大的古陆块,许多大陆的雏形就是在该时期形成的。

(2)中元古代(距今 18 亿~10 亿年),古陆块又进一步发展,到中元古代末期,地球上又发生了一次影响较为广泛的地壳运动。由于板块的汇聚,大陆和大陆互相碰撞,全球大陆相互联结,形成一个或极少数量的超大陆。

(3)新元古代(距今 10 亿~5.7 亿年),超大陆逐渐分裂、解体,出现五个巨型的稳定古陆。

4.显生宙地壳

据研究,显生宙(距今 5.7 亿年至今)以来,地壳上的大陆总体上经历了一个分裂—聚合—再分裂的历史。早期分裂的历史是从新元古代延续到早古生代的。到距今 5.1 亿年前后,古冈瓦纳大陆(主要由南美洲、非洲、南极洲、澳洲和印度组成)相对较为完整,而北美洲、欧洲和亚洲大陆则相距甚远;在距今 5.1 亿~3.8 亿年间,欧洲与北美洲之间的古大西洋关闭,并形成阿巴拉契亚—加里东褶皱山系;在距今 3.8 亿~3.4 亿年间,已拼接的欧洲—北美大陆与古冈瓦纳大陆和亚洲大陆的距离逐渐缩短;在距今 3.4 亿~2.25 亿年间(晚古生代晚期),欧洲—北美大陆和亚洲大陆碰撞,形成乌拉尔山脉,并构成巨大的北方古陆——劳亚古陆,北美洲和非洲之间的大洋闭合,使劳亚古陆与冈瓦纳古陆相连,形成泛大陆即联合古陆,两者之间为特提斯海;在距今 2 亿~1.8 亿年间,联合古陆又开始逐渐发生分裂,首先从北大西洋南部和古地中海西部开始分裂,继而南美洲—非洲与冈瓦纳大陆其余部分分裂,印度与澳大利亚—南极洲分裂;在距今 1.8 亿~1.35 亿年间,海底不断扩张使大西洋北部和印度洋扩展开来,南美洲与非洲之间也开始分裂,而特提斯海不断闭合;到 0.65 亿年前,南大西洋已经展宽,北大西洋继续向北扩展,特提斯海几乎闭合,印度继续北移;距今 0.65 亿年至今,大西洋中脊进入北冰洋,澳大利亚从南极大陆分裂并向北漂移,印度与欧亚大陆碰撞形成喜马拉雅山脉,现今海陆格局最终形成。

小 结

1.地球的形成和演化是人类从古至今不断探索的一个问题。地球起源问题自18世纪中叶以来存在多种学说。目前较流行的看法是,大约在46亿年前,从太阳星云中开始分化出原始地球,体积和质量不断增大,在重力的作用与高温的影响下,出现了大规模的物质分异和迁移,形成了从里向外,物质密度从大到小的圈层结构。

2.在地球形成初期,由碰撞、压缩和放射性而产生的热量使地球内部的温度上升,出现局部熔融,重元素沉入地心,轻物质浮升到地表,逐渐形成地壳、地幔和地核三层。

3.在地球引力的作用下,大量气体聚集在地球周围,形成地球原始大气层。在地球形成初期的火山喷发过程中,喷发出含有比较多的水分的气态物质,在地表温度逐渐下降,便凝结成液态水,以降水的方式汇聚在地球表面低洼处,形成了水圈。生物圈在大气圈和水圈形成之后才逐渐开始形成。

4.原始地壳的成因有三大假说:地球不均匀积吸说、撞击成因说和地球成因说。其中,地球成因说得到人们的普遍认同。组成大陆和大洋的岩石圈层为陆壳和洋壳。

5.板块构造是在大陆漂移学说、海底扩张学说的基础上发展而来的,引发了一场深刻的地学革命。它将岩石圈划分为若干板块,在板块的增生与消亡的演化过程中,产生了一系列的地质作用。

思考题

1.地球内部圈层是如何形成和演变的?

2.地球外圈是怎样形成的?

3.试述魏格纳的大陆漂移学说的要点。

4.阐述板块构造学说的诞生过程和基本思想。

5.简述板块的边界类型及其特点。

项目十六　古生物

【导入】

　　生活在地球上的生物形形色色,丰富多彩,它们遍布于地球的每个角落,繁衍生息,为地球增添了无限生机。然而,如此多姿的生物来自何方? 地质历史时期的生物界是怎样的面貌? 它们又是如何发展成现今繁荣的景象? 这一切的答案都记录保存于岩层中的化石上,化石是古生物学研究的对象。

【正文】

　　地壳由无机界演变到有机界,产生了古生物。古生物学是研究地质历史时期的生物界及其发展的科学,其研究范围包括各地史时期地层中保存的生物遗体和遗迹,以及一切与生命活动有关的地质记录。由于生物界的演化是由简单到复杂、由低级到高级、从水生到陆生向前发展,生物演化发展具有阶段性和不可逆性。所以,在较早时代已灭绝的生物类型在以后的时期内不会再出现。古生物是认识生物和地球发展的最可靠的依据,是现代地质科学的重要支柱,在化石能源(石油、天然气、煤)及矿产资源的勘探与开发中有着广泛的应用,对控制生态平衡和保护人类的家园——地球,正起着越来越重要的借鉴和指导作用,也是进化论和唯物主义自然观创立与发展的科学依据。古生物是相对现生生物而言的,它们具有生活时代上的差别。通常古、今生物之间的时间界线被定在一万年左右,即生活在全新世以前的生物才称为古生物,而全新世以来的生物属于现生生物的范畴。因此,埋藏在现代沉积物中的生物遗体不是化石,人类历史以来的考古文物一般也不被认为是化石。

任务一　化　石

一、化石的定义

　　古生物学研究地史时期的生物,其具体对象是发现于各时代地层中的化石。化石是指保存在岩层中地质历史时期(距今一万年以前)生物的遗体、生命活动的遗迹,以及生物成因的残留有机物分子。因此,化石必须具有一定的生物特征,必须保存在地史时期形成的岩层中。它必须具有诸如形状、大小、结构、纹饰和有机化学成分等生物特征,或者是由生物生活活动所产生的并保留下来的痕迹。一些保存在地层中与生物和生物活动无关的物体,虽然在形态上与某些化石十分相似,但只能称为假化石,如姜结石、龟背石、泥裂、卵形砾石、波痕、放射状结晶的矿物集合体、矿质结核、树枝状铁质沉淀物等,都不是化石。在地层中的一般的矿质结核以及硬锰矿的树枝状结晶等无机产物不能视为化石。同时,化石还必须是保存在岩层中地史时期的生物遗体和遗迹,而埋藏在现代沉积物中的生物遗体不能称作化石,如距今只有几千年的出土文物,距今 2 000 多年的长沙马王堆古尸等是考古研究的对象,不能称为化石。

二、化石形成的条件

化石的形成和保存取决于以下几方面的条件。

(一)生物条件

从生物本身条件来说,最好具有硬体,如贝壳、骨片及骨骼等,还有一些几丁质物质,以及树木的叶子、根、茎等容易以较稳定的碳形式保存下来。因为软体部分容易腐烂、分解而消失。而硬体主要由矿物质组成,能够抵抗各种破坏作用,易保存。但硬体矿物质成分不同,保存为化石的可能性也不同,如方解石、白云石、石英、甲氰磷酸钙和蛋白石等矿物组成的生物硬体,在成岩和石化过程中比较稳定,容易保存为化石。而霰石和含镁方解石等不稳定矿物,它们易于溶解,在转化为稳定矿物之前则容易遭受破坏,保存成化石的可能性则小。具有机质硬体如角质层、木质和几丁质薄膜的生物,虽易遭受破坏,但在成岩过程中可炭化保存成为化石,如植物叶子、笔石体壁等。在某些极为特殊的条件下,一些动物的软体部分有时也能保存成为化石,如琥珀中的昆虫(见图 16-1)和第四纪冻土中的猛犸象(见图 16-2)等。

图 16-1 琥珀中的昆虫   图 16-2 第四纪冻土中的猛犸象

(二)环境条件

生物死后遗体所处的物理、化学环境直接影响到化石的形成和保存。生物遗体因在高能水动力条件下来回移动而容易被磨损破坏;水体 pH 值小于 7.8 时,碳酸钙组成的硬体易遭溶解;氧化环境下有机质因氧化而腐烂,而在还原条件下有机质易保存下来。此外,当时生活着的动物的吞食和细菌的腐食作用也影响化石的保存。

(三)埋藏条件

生物死后掩埋的沉积物不同,保存为化石的可能性也不同。如果生物遗体被化学沉积物、生物成因的沉积物所埋藏,那么除软体外,硬体比较容易保存下来,如我国山东山旺中新世硅藻土中保存的玄武蛙、中新蛇化石,云南早寒武世的澄江动物群,加拿大中寒武世的布尔吉斯动物群,德国侏罗纪索伦霍芬灰岩中的始祖鸟化石都是罕见的完整化石;但若被粗碎屑物埋藏,则由于粗碎屑的滚动、摩擦和富孔隙,生物遗体容易遭受破坏,但在一些特殊的沉积物(如冰川冻土、沥青、松脂等)中,一些生物的软体也能完整地保存下来(见图16-1、图16-2)。

(四)时间因素

生物死后能较快地被埋藏,才有可能保存为化石。被埋藏的生物遗体还必须经过长时期的石化作用后才能形成化石。有时生物死后虽被迅速埋藏,但不久又因剥蚀、冲刷等各种原因被暴露出来而遭受破坏,也不能形成化石。有时被埋藏在浅层沉积物中的生物遗体被生活在泥底中的生物吞食,也不能形成化石。在一些较古老的岩层中的化石,因岩层变形和变质作用,使化石遭到破坏,也不能形成化石。

(五)成岩条件

沉积物在固结成岩作用过程中,压实作用和结晶作用都会影响化石的石化作用和保存。一些孔隙度较高、含水分较多的碎屑沉积物压实作用显著,因而保存在其中的化石变形作用明显。碳酸盐沉积物在成岩中的重结晶作用,保存在其中的由碳酸钙组成的生物体也发生重结晶,常使生物遗体的微细结构遭受破坏,尤其是深部成岩、高温高压的变质作用和重结晶作用,可使已形成的化石遭到严重破坏,甚至消失。只有在压实作用较小且未经过严重重结晶作用的情况下,才能保存完好的化石。

化石的石化作用是指埋藏在沉积物中的生物遗体在成岩过程中经过物理、化学作用的改造而形成化石的作用。保存在沉积物中被埋藏起来的生物遗体,在沉积物的成岩作用过程中所发生的石化作用主要有以下三种形式。

1.矿质充填作用

无脊椎动物的硬壳、骨片及其他支撑构造,脊椎动物的骨骼、牙齿等,它们往往都具有一定的孔隙,硬体掩埋日久,地下水挟带的矿物质,主要是碳酸钙进行充填,使得生物的硬体变得致密和坚实。这种填充作用可发生在生物硬体结构之中,如贝壳中的微孔、脊椎动物的骨髓等;也可发生在生物硬体结构之间,如有孔虫壳的房室、珊瑚的隔壁之间等。

2.置换作用

生物硬体的原来成分为地下水中所含的矿物质置换,其置换的物质一般为碳酸钙、二氧化硅和黄铁矿等。在石化作用过程中,原来生物体的组成物质被溶解,并逐渐被外来物质所填充。如果溶解和填充的速度相当,以分子的形式置换,那么原来生物的微细结构可以被保存下来,例如,华北二叠系的硅化木,其原来的木质纤维均被硅质置换,但其微细结构如年轮以及细胞轮廓都仍清晰可见[见图16-3(a)]。如果置换速度小于溶解速度,则生物体的微细构造不会保存,仅保留其外部形态。常见的置换作用有硅化、钙化、白云石化和黄铁矿化等。

3.升馏作用

石化作用过程中,生物遗体中不稳定的成分经分解和升馏作用而挥发消失,仅留下较稳定的碳质薄膜而保存为化石,这种作用也称为碳化作用。例如以几丁质($C_{15}H_{26}N_2O_{10}$)成分为主的笔石和以糖类为主的植物叶子,经升馏作用,H、N、O挥发逃逸,留下碳质薄膜化石[见图16-3(b)]。

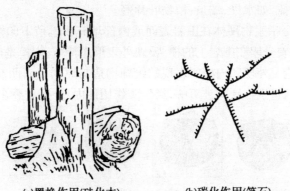

(a)置换作用(硅化木)　　　　(b)碳化作用(笔石)

图 16-3　石化作用

化石的形成和保存取决于以上五个方面的条件。在特殊情况下,由于密封、冷藏、干燥等条件,才能使得整个生物体几乎没有什么变化,而被完整地保存下来。如西伯利亚的猛犸象化石、抚顺煤层中的琥珀。但这些几乎没有什么变化的整体化石、是极为少见的。

三、化石的保存类型

根据化石的保存特点,化石分为实体化石、模铸化石、遗迹化石、化学化石四大类型。

(一)实体化石

实体化石是指古生物的遗体全部或部分保存下来的化石。主要有以下两类。

1.未变实体

原来生物几乎没有什么变化,完整地保留下来成为化石。这类化石不多,而且要在特殊的环境条件下才能形成。特殊的条件是:①密封,典型的例子是我国抚顺古近纪抚顺群琥珀中的蚊、蜂、蜘蛛等昆虫化石,古代植物分泌大量黏度强的树脂,昆虫或其他生物飞落其上被粘黏,其后昆虫被继续外流的树脂包裹起来,得以完整地保存;又如密封在矿物晶体格架中有细菌、细胞原生质以及蛋白质等有机物,从硅质矿物析离出来的原生质尚能染色,从石盐晶体内析离出来 5 亿年前的脱水细菌,这都是密封形成的完整化石。②冷冻,著名的例子是1901 年在西伯利亚第四纪冻土层(约 2.5 万年前)中发现的猛犸象化石(见图 16-2),不仅其骨骼完整,皮、毛、血、肉甚至胃中的食物也都完整地保存下来了。③干燥,沙漠地区的生物死后,生物体迅速失去水分,氧化和细菌无法发挥作用,可使生物体完整地保存下来,如北美白垩纪风成沙漠中恐龙皮肤失去水分而呈木乃伊保存下来。此外,具有防腐作用的泥炭和沥青,也可阻止遗体腐烂,如拉布雷亚沥青坑中保存着大量完整的哺乳动物化石。

2.变化实体

生物遗体经过一定程度的石化作用,全部硬体或部分硬体保存为化石,这一类在所有化石中占绝大多数。

(二)模铸化石

模铸化石是指生物遗体在岩层中留下的各种印模和铸型。按其与围岩的关系可分为以下四类:

(1)印痕化石。是指生物软体腐蚀后留下的印痕。生物遗体陷落在细粒碎屑或化学沉积物经腐蚀作用和成岩作用后,生物遗体完全消失,但印痕仍然保存,而且这种印痕常常可反映该生物的主要特征,如水母、蠕虫、植物叶片等。

（2）印模化石。是指生物硬体在围岩表面或内部填充物上留下印模。可分为外模和内模两种。外模是生物硬壳印在围岩上的模,反映外表形态特征;内模是生物硬壳内面特征留下的模,反映内部构造。外模和内模所表现的纹饰构造与原物表面凹凸相反（见图16-4）。在外模和内模形成以后,生物硬体被溶解,经压实作用使内、外模重叠在一起,形成复合模。

(a)背壳外壳　　(b)外模　　(c)背壳内面　　(d)内模

图 16-4　腕足类的背壳及其印模化石

（3）核化石。由生物体结构形成的空间或生物硬体溶解后形成的空间被沉积物充填固结后,形成与原生物体空间大小和形态类似的实体,包括内核和外核两种。内核是充填生物硬体内部空腔的沉积物固结成岩,而地下水把壳质溶解后,形成表面为内模的实体,其内部反映壳内的构造特征;外核是硬体溶解后的空间被沉积物充填固结形成表面与原硬体特征相同的实体,其外表特征由外模反印而成,故凹凸情况相同,但内部是实心,无内部构造。

（4）铸型化石。当生物体埋在沉积物中,已经形成外模和内核之后,壳质全被溶解并被另一种矿物质充填所形成的化石,称为铸型化石。填充物与原来的硬体部分的大小和形态一致,外部具有原硬体的装饰,内部包裹着一个内核,壳本身不具有原硬体的微细结构。铸型化石与外核的区别在于内部还含有一个内核。

总之,外模、内模所表现的凹凸情况与原物相反;外核、铸型化石的外形相同,但前者无内核,铸型化石具内核。

（三）遗迹化石

遗迹化石是指保存在岩层中各类生物的痕迹和遗物。遗迹化石很少与遗体化石同时发现,但它对于研究生物的活动方式和习性,恢复古环境具有重要意义。遗迹化石可分为以下五类:

（1）软底沉积物中的动物痕迹,如足迹、行迹、拖迹、爬行迹、停息迹、潜穴迹。

（2）软底沉积物中的植物痕迹,根迹为植物根进入底层所留。

（3）硬底上的侵蚀痕迹,如钻孔迹、钻洞迹。

（4）动物排出物,如粪粒、蛋、卵等。

（5）古人类遗迹,如工具、石器、骨骼等旧石器时代的遗物。

（四）化学化石

化学化石是指保存在化石和沉积物中的古代生物的有机分子,主要指组成生物体的一些有机物,如蛋白质、碳水化合物、类脂物、木质素等,能未经变化或轻微变化地保存在各时代岩层中,具有一定的化学分子结构,能证明古代生物的存在,称为化学化石和分子化石。研究化学化石对探讨地史中生命的起源,阐明生物发展演变历史,以及对生物成因、矿产的探查和研究具有特别重要的意义。

化石的形成和保存是受多种因素长期控制的一种动力学过程,只要化石在地层内没有被发掘出来,这种过程就没有终止。在地层中没有被发现出来的化石,它们仍然受着变质作用、风化作用等各种地质作用的控制,还可能遭受破坏。因此,严格的化石形成和保存条件,导致了化石记录的不完备性,这是古生物学中的基本事实,所以在研究古生物群面貌及其演化规律时,必须考虑这个事实,避免做出片面的结论。同时,古生物化石是珍品,要爱护来之不易的化石记录,使其发挥应有的作用。

任务二 古生物分类和命名

现今,我们能够在地层中观察到的化石仅是各地史时期生存过的生物群中极小的一部分,已记录现生生物 170 多万种,估计有 500 万~1 000 万种。古生物已记录 13 万种多,大量的还未知。古今生物种类繁多、形态多样,为了便于系统研究,研究者必须指出它们之间的亲疏关系,把它们归并成不同的类群,做不同的等级系统排列并命名。

按照生物亲缘关系所做的分类,称为自然分类;如果只是按照生物之间形态上的表面相似性所做的分类,则称为人为分类。由于化石保存常不完整或亲缘关系不明,在古生物学中有时也采用人为分类。对于生物分类所依据的原理和方法进行探讨,构成了分类学的研究内容。分类学是古生物学的核心部分,只有了解古生物的分类系统,对古生物做出确切的鉴定,将其纳入或者建立正确的分类系统,才能对古生物学各个领域进行研究。所有经过研究的生物都要给予科学的名称,即学名。学名要根据国际动物或植物命名法规和有关文件规定来命名。

古生物的分类和命名采用与现生生物一致的分类等级和命名方法,且在系统学分类研究方面与现生生物的分类研究密切配合。不过由于古生物资料保存的特殊限制和试验验证的局限性,古生物作为系统学和分类学研究的客观资料,多局限于保存为化石的生物体表征及其形态功能的推论分析上,因此分析结果有其特殊不完备性。但古生物资料具有与生物谱系分化过程相一致的历史记录,对于重塑生物分类群的分化及亲缘关系的追索和判别现生生物资料具有不可替代的作用。因此,在生物分类学和系统学研究中,古生物和现生生物是不可分离的统一整体。

一、古生物的分类等级

古生物种类很多,特征各异,演化的阶段也各不相同。为了便于系统研究,必须进行科学的分类。古生物分类采用现代生物分类系统,其基本分类等级是界(kingdom)、门(phylum)、纲(class)、目(order)、科(family)、属(genus)和种(species)。种以下还有亚种(subspecies),植物中还有变种(variety)。有时还需要一些辅助等级,即在主要分类等级术语前加前缀:超(supra)或亚(sub),如超纲(superclass)、超科(superfamily)、亚目(subclass)、亚科(subfamily)等。

任一等级上的生物类群都必须具有一些共同的性状特征,以区别于其他的生物类群。共同的性状越多,其分类等级越低。越高分类等级的生物类群,其共同的性状越少。

种也称为物种,是古生物分类的基本单位,它不是人为的单位,而是生物进化过程中客观存在的实体。同源相近的种归并为属;同源相近的属归并为科,依此类推,同源相近的门归并为界。生物学上的物种是由杂交可繁殖后代的一系列自然居群所组成的,它们与其他类似机体在生殖上是隔离的。同一物种有共同的起源、共同的形态特征、分布于同一地理区和适应于一定的生态环境。化石物种的概念与生物学相同,但由于对化石不能判断是否存在生殖隔离,因此化石物种更着重以下特征:①共同的形态特征;②构成一定的居群;③居群具有一定的生态特征;④分布于一定的地理范围。根据以上特征判明的化石种,与生物种一样都是自然的基本分类单位。有些种内由于居群的变异积累,可区分为亚种或变种。不同居群因地理隔离在性状上出现分异可产生地理亚种;在古生物学中由于地质年代不同而显示的种内性状特征的分异,可构成年代亚种。此外,在化石材料中,常有生物体的各个部分分散保存在地层中,往往很难肯定它们原先是否生长在同一生物体上。例如,古生代高大的石松植物分别保存的树皮、树根、孢子囊穗等。这种只按其形态的相似性而定的属称为形态属。在同一形态属名下,可能包括来源不同甚至亲缘关系十分疏远的生物。但随着化石材料的不断发掘,人们会逐渐找出这些分散保存于化石之间的真正亲缘关系。

属是种的综合,包括若干同源的和形态、构造、生理特征近似的种。一般认为,属也同样应是客观的自然单元,代表生物进化的一定阶段。但是,随着进化理论的深入发展及不同分类学派的产生,对种的定义也有所不同,如表型种概念、进化种概念、分支种概念等。

二、古生物的命名

所有经过研究的生物都应给予科学的名称,即学名。学名根据国际动物、植物和菌类学命名法规和有关文件而定。生物各级分类单位均采用拉丁文或拉丁化文字来命名。属(及亚属)以上的分类群采用单名,即用一个拉丁词来表示。种的名称则需要用两个词来表示,即在种本名前冠以其归属的属名,才能构成一个完整的种名,称为双名法。对于亚种的命名还需要采用三名法,即将亚种本名置于其所属的属和种名之后。种、亚种及变种本名所有字母均采用小写形式,而属(及亚属)以上名称的首字母需用大写。同时,在正式印刷和书写时,属及属以下的名称须用斜体表示,属以上的名称用正体字。为了便于查阅,在各级名称之后还要用正体字注以命名者的姓氏和命名时的公历年号,两者之间以逗号分隔。以老虎为例,其分类系统和名称体系如下:

界 Kingdom Animalia Linnaeus,1758(动物界)

门 Phylum Chordata Haeckel,1874(脊索动物门)

亚门 Subphylum Vertebrata Linnaeus,1758(脊椎动物亚门)

纲 Class Mammalia Linnaeus,1758(哺乳纲)

目 Order Carnaivora Bowdich,1821(食肉目)

科 Family Felidae Fischer et Waldheim,1817(猫科)

属 Genus *Panthera* Oken,1816(豹属)

种 Species *Panthera tigris* Linnaeus,1758(虎种)

在我国,虎有 6 个地理亚种:*Panthera tigris tigris* Linnaeus,1758(指名亚种,主要产于西藏东、南部地区);*Panthera tigris altaica* Temminck,1844(东北虎,主要分布于东北地区的黑龙江和吉林);*Panthera tigris coreensis* Brass,1904(华北虎,原产于华北的河北、河南、山西和甘肃地区);*Panthera tigris lecoqi* Schwarz,1916(西北虎,分布于新疆罗布泊、博斯腾湖附近、塔里木河沿岸);*Panthera tigris amoyensis* Hilzheimer,1905(华南虎,产于中国南方福建、安徽、江苏、浙江、湖南、湖北、江西、贵州、四川、广东及陕西秦岭等地)和 *Panthera tigris corbetti* Mazak,1968(云南虎,分布于云南西双版纳、思茅,广西西南部)。

生物命名法规中有一条重要的原则是优先律,即生物的有效学名是符合国际动物、植物和菌类生物命名法规所规定的最早正式刊出的名称。遇有同一生物有两个或更多名称构成同物异名,或不同生物共有同一个名称构成异物同名时,应依优先律选取最早正式发表的名称。例如,腕足动物弓石燕属 cyrtospirifer 是 Nalivkin 于 1918 年最早命名的,后来 Grabau 在1931 年又将同一属命名为 Sinospirifer,依据优先律,后者应废弃。

古生物名称中还有一些表示不能做确切鉴定的名称,即保留命名,通常是在属名后加注一些拉丁缩写词:sp.(species 的缩写)为未定种,表明该化石属可确定,但难以归入已知种,建立新种又显材料不足,如 Claraia sp.克氏蛤(未定种)。sp.indet.(species indeterminate,不能鉴定的种)为不定种,指化石保存状况低劣,无法鉴定到种,如 Redlichia sp.indet.莱德利基虫(不定种)。cf.(conformis,相似)为相似种或称比较种,指与某一已知种形态上有一定的相似性,但仍有一定差别,如 Tirolites cf. jiangsuensis Guo,1982 江苏提罗菊石(相似种)。aff.(affinis,亲近)为亲近种,指标本与某一已知种有一定亲缘上的联系,但特征上又存在差异,如 Mesoneritina aff. pustula Pan,1982 水泡状中蜒螺(亲近种)。

如果属名、种名是第一次提出的,在发表的时候,分别在名称之后加注 gen.nov.(genus novum,新属)和 sp.nov.(species novum,新种)。发表新属时要指定模式种,即指定该属中一个最有代表性的种作为该属建立的依据。发表新种时则要指定模式标本。作为描述新种主要依据的单一标本称为正模,其他作为正模的补充标本称为副模。模式标本都必须珍藏在大学、科研机构或博物馆中,供后来研究者参考。

三、古生物的分类系统

生物及化石可以按各种各样的标准和方法进行分类。但是古生物学的分类系统都是以化石形态和结构上的相似程度为基础的。这种分类最大的优越性在于它是以许多形态学上的相似性和差异性的总和为基础的,而且它基本上能反映生物界的自然亲缘关系,因而被称为自然分类系统。按照这种分类方法,把具有共同构造特征的生物(包括化石)归为一类,而把具有另外一些共同特征的生物归为另一类,于是整个生物界(包括现生生物和古生物)可以根据其固有的性状特征之间的异同关系,归纳为一个统一多级别的分类系统。下面是古生物的分类系统中部分化石比较常见的一些门类:

动物界 Animal Kingdom

原生动物门 Protozoa,典型化石代表:肉足虫纲有孔虫目筳亚目。

海绵动物门 Spongia

古杯动物门 Archaocyatha

腔肠动物门 Coelenterata,典型化石代表:珊瑚纲四射珊瑚目。

环节动物门 Annelida

软体动物门 Mollusca,典型化石代表:腹足纲、双壳纲、头足纲。

节肢动物门 Arthropoda,典型化石代表:三叶虫形超纲三叶虫纲和甲壳超纲介形虫纲。

苔藓动物门 Bryozoa

腕足动物门 Brachiopoda

棘皮动物门 Echinodermata

半索动物门 Hemichordata,典型化石代表:笔石纲。

脊索动物门 Chordata,典型化石代表:脊椎动物亚门。

植物界 Plant Kingdom

低等植物 Lower Plants

蓝藻植物门 Cyanophyta,典型化石代表:叠层石。

硅藻植物门 Bacillariophyta

甲藻植物门 Pyrrophyta,典型化石代表:沟鞭藻。

金藻植物门 Chrysophyta,典型化石代表:颗石藻类。

轮藻植物门 Charophyta

高等植物 Higher Plants

苔藓植物门 Bryophyta

原蕨植物门 Protopterdophyta

石松植物门 Lycophyta

节蕨植物门 Arthrophyta

真蕨植物门 Pteridophyta

前裸子植物门 Progymnospermophyta

种子蕨植物门 Pteridospermophyta

苏铁植物门 Cycadophyta

银杏植物门 Ginkgophyta

松柏植物门 Coniferophyta

有花植物门 Anthophyta

另外,还有分类位置未定的典型化石代表:牙形石 Conodonts。

任务三　重要古生物类别简介

　　生存于地史时期的所有生物,统称为古生物。保存在地层中的古代生物的遗体和遗迹,经过石化作用后即形成化石。其中,演化快、生存时间短且分布广泛的生物化石,称为标准化石。标准化石是地层划分和对比的主要依据。

　　古生物的分类与现今生物分类方案大体相同。界是最大的生物分类单位,分为动物界和植物界。本任务对重要古生物类别分别进行介绍。

一、常见的古动物化石

(一)蜓类

　　蜓属于原生动物门有孔虫目的一个亚目,称为蜓亚目。蜓是已经灭绝的一种海生有孔虫。蜓是一种浅海底栖动物,生活于水深 100 m 左右热带或亚热带的平静正常浅海环境,具有包卷的多房室外壳,壳形多为纺锤形(见图 16-5),故又称纺锤虫,多保存于灰岩中。最早出现在早石炭世后期,演化极快,延续时间短且属种多,地理分布广,到二叠纪末期完全灭绝。因此,蜓是石炭二叠纪的重要标准化石。

(a)古纺锤蜓(轴切面)　　(b)纺锤蜓(轴切面)　　(c)费伯克蜓(轴切面)

图 16-5　几种蜓类化石

(二)海绵类

海绵是一种最简单的多细胞动物,为侧生动物。因体壁具很多小孔,也称为多孔动物。海绵为原始水生固定底栖动物。单体外形有杯状、半球状、柱状等,体壁中有骨细胞,能分泌钙质或硅质骨针,保存形成化石(见图 16-6)。海绵类多数生活于海水中。

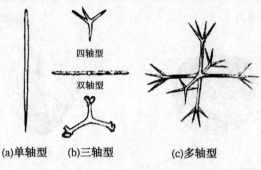

四轴型

双轴型

(a)单轴型　　(b)三轴型　　(c)多轴型

图 16-6　海绵骨针类型

(三)古杯类

古杯类动物为已经绝灭的海生底栖动物。单体或复体,单体呈锥状或杯状。其骨骼分为内壁和外壁,壁间为中央腔,壁间也有骨骼,骨骼上多孔(见图 16-7)。出现于寒武纪早期,绝灭于志留纪。

(四)珊瑚类

珊瑚类为腔肠动物门中较高等的一个纲,多底栖于温暖、清澈的浅海区,水温不低于 20 ℃。化石多保存于浅海相的灰岩或泥灰岩中。珊瑚动物的软体(珊瑚虫)分泌的灰质骨骼叫作珊瑚体,它可石化成珊瑚化石。珊瑚有单体和复体之分。复体珊瑚常大量发育成珊瑚礁,由礁体珊瑚可以推断其生态环境。珊瑚表面的生长纹可以推断地质时期时间。珊瑚生存于晚寒武世至现代。其中,四射珊瑚和横板珊瑚化石(见图 16-8)较多。

图 16-7　树形古杯类动物

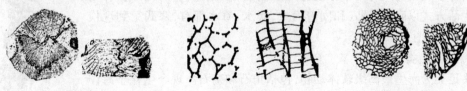

(a)贵州珊瑚　　　　(b)蜂巢珊瑚　　　　(c)卫德肯珊瑚

图 16-8　几种珊瑚化石(左一横切面;右一纵切面)

(五)腕足类

腕足类是一种浅海底栖单体动物,具有两瓣外壳,分别称背和腹瓣。每瓣外壳均左右对称,两壳大小不等,一般腹壳大于背壳,软体即包隐其中。壳的后端具有洞孔(称茎孔),肉茎由此伸出,用以固着于海底岩石或其他物体上。腕足类壳面大多数有放射状或同心圆状纹饰,有的还具瘤和刺。腕足类最早发现于寒武纪,在整个古生代都很繁盛,中生代开始衰退,至今仍有代表。常见的化石代表如图 16-9 所示。

背视　　　　　　侧视　　　　　　　腹视　　　　　背视　　　　侧视

(a)中华正形贝　　　　　　　　　　　　(b)轮刺贝

腹视　　　　　　背视　　　　　　　　侧视　　　　　背视

(c)圆货贝　　　　　　　　　　　　　(d)鸮头贝

图 16-9　几种腕足动物化石

(六)腹足类

腹足类是现代软体动物门中最大的一个纲,从早古生代开始便有相当众多的种、属存在,数量多,分布广,在海水、淡水、半咸水及陆地都有分布,以水生为主。至今无论是陆地还是海洋都有大量腹足类生存,如田螺、海螺等。腹足类动物头部发达,具眼、触角、口,口内有齿,具螺壳,由若干螺环组成,壳形多样,常见的有锥形、笠形、纺锤形等。如图 16-10 所示为链房螺,壳呈锥形,见于志留系地层。

(七)双壳类

双壳类属软体动物门的一个纲,又称瓣鳃纲,为水生软体动物,一般具有两个互相对称、大小一致的瓣壳,分为左、右壳,但每个瓣壳本身前后不对称。在两壳间有一个很发育的肌肉足,形似斧状,因此又称斧足类。生活方式以底埋、掘穴和固着为主,淡水、海水都有,寒武纪到现代都有生存(见图 16-11)。

(八)头足类

头足类为海生最高级软体动物,包括角石和菊石。现今生存于海洋中的章鱼、乌贼等亦属于头足类。它们的身体两侧对称,头很显著,口位于头的中央,四周有触手,壳可既在软体内部也可在软体外部。头足类化石壳大多在软体外部,有直壳、螺旋壳和平旋壳等(见图 16-12)。

图 16-10　链房螺

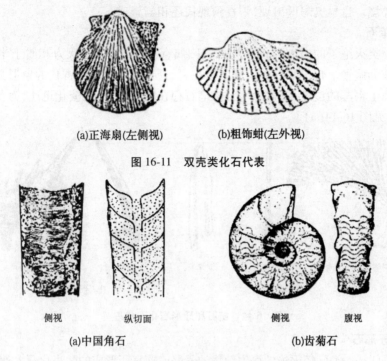

(a)正海扇(左侧视)　　　　(b)粗饰蚶(左外视)

图 16-11　双壳类化石代表

侧视　　　　纵切面　　　　　　　　侧视　　　　腹视

(a)中国角石　　　　　　　　　　(b)齿菊石

图 16-12　头足类化石代表

（九）三叶虫

三叶虫是古生代的海生无脊椎动物。三叶虫的身体由许多体节组成,分头、胸、尾三部分,有腹、背两面,因背部被两条肋沟分成三部分而得名三叶虫。背部较坚实,由几丁质或钙质组成,头甲和尾甲常保存为化石。生活方式以海生、底栖和游泳为主,三叶虫是划分寒武纪地层的标准化石(见图 16-13)。

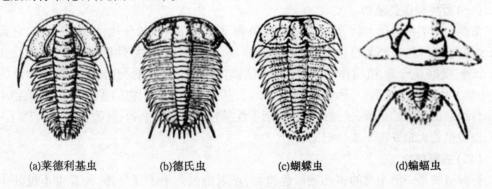

(a)莱德利基虫　　　(b)德氏虫　　　(c)蝴蝶虫　　　(d)蝙蝠虫

图 16-13　三叶虫化石代表

（十）介形虫

介形虫属节肢动物门甲壳动物亚门介形虫纲,个体微小(0.4~4 mm)。软体被包在两瓣壳内,壳形多样。躯体两侧对称,不分节,被包在两个壳瓣之间。壳面光滑或具各种瘤、槽、刺、脊以及其他纹饰,但不具生长线(这是与软体动物外壳的区别)。器官发育较完善,身体分头、胸部和腹部。具附肢,末端具尾叉。两壳瓣可不相等,壳质分两层:外层——钙质层;内层——几丁质,边缘可钙化。有的种具雌雄双形现象。生活领域广泛,能适应淡水、海水等多种生活环境。自早奥陶世出现,一直到现代还相当繁盛。

(十一) 笔石

笔石是一类灭绝了的海生群体动物。其归属存在争议,一般认为其属于半索动物门。笔石具笔石枝和胞管。化石常以碳质薄膜留在岩石层面上,外形似古代的象形文字,又像用笔在岩石层面上书写的痕迹,故称为笔石。笔石存在的时间较短,演化迅速,为奥陶纪、志留纪标准化石[见图16-14(a)]。

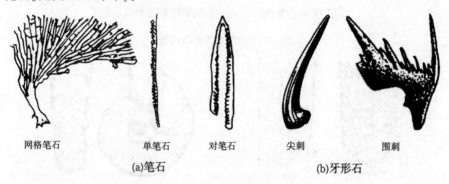

网格笔石　　　　单笔石　　　对笔石　　　尖刺　　　围刺
　　　(a)笔石　　　　　　　　　　　　(b)牙形石

图 16-14　笔石和牙形石化石代表

(十二) 牙形石

牙形石可能是一类已经灭绝的海生动物的骨骼或器官所形成的微小化石。外形很像某些鱼类的牙齿或环节动物的颚器,故名牙形石,也称为牙形刺。牙形石个体微小,一般为 0.1~0.5 mm,最大可达 2 mm。牙形石虽然个体微小但数量多、特征明显、演化迅速,始于寒武纪而止于三叠纪,广泛分布于世界各地的海相沉积中,是重要的微体化石之一[见图16-14(b)]。

二、常见的古植物化石

(一) 菌类和藻类植物

菌类和藻类植物属于低等植物。菌、藻植物没有根、茎、叶的分化,以水生为主,它是形成石煤的物质原料。藻类植物是一群古老的植物,分布广泛、多样性极其丰富,目前已知约3万余种,根据其形态、植物体细胞及载色体的结构、所含色素的种类、储藏营养物质的类别、生殖方式及生活史类型,通常分为十一个门,其中包含原核生物的蓝藻门;菌类植物不是一个自然亲缘关系的类群,根据结构和生活习性等特征可分为细菌、真菌和黏菌三个门。菌类和藻类植物大量发现于震旦纪地层中。

(二) 苔藓植物

苔藓植物是一类小型的多细胞绿色植物,小者肉眼几乎不能分辨,大者也不过几十厘米。植物体大致可分为两类:一类为无茎、叶分化的扁平叶状体,另一类为有假根和茎、叶分化的茎叶体。苔藓植物的内部构造简单,体内无维管组织的分化,因此为非维管植物。

苔藓植物类仅有一门,即苔藓植物门,下含两个纲:苔纲和藓纲 (见图16-15)。

(三) 蕨类植物

蕨类植物是高等陆生孢子植物,主要有原蕨植物、石松植物、节蕨(楔叶)植物和真蕨植物。

(1)原蕨植物。又称为裸蕨植物。裸蕨植物为最原始的陆生植物。植物体一般较矮

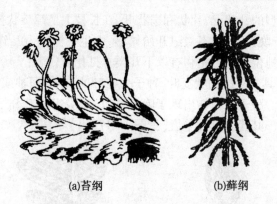

(a)苔纲　　　　　　　　(b)藓纲

图 16-15　苔藓植物门代表(Takhtajan,1963;张宏达等,1979)

小,具匍匐根和茎,没有真根,茎裸露无叶,具二分叉式的茎,地下茎的表面常有刺,顶端常卷曲[见图 16-16(a)]。早、中泥盆世最繁盛,泥盆世末灭绝。

(2)石松植物。石松植物的茎枝二歧式或二歧单轴式分枝,茎和枝上遍布螺旋状或直行状小叶,故也称小叶植物门。叶脱落后在茎上留下印痕,称为叶座。石炭二叠纪繁盛。茎内中柱的直径很小,孢子囊单个着生于孢子叶的叶腋或叶的上表面近基部处,同孢或异孢。本门化石始现于早泥盆世,晚泥盆世至早二叠世最为繁盛,古生代末大衰减,现仅存 5 属,如石松[见图 16-16(b)]。

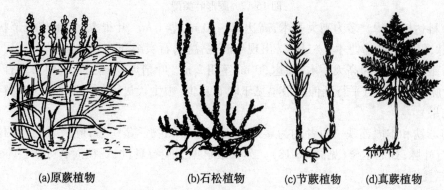

(a)原蕨植物　　　　(b)石松植物　　　(c)节蕨植物　　　(d)真蕨植物

图 16-16　蕨类植物代表

(3)节蕨植物。又叫楔叶植物。茎单轴式分枝,明显地分为节和节间,枝和叶自节部伸出;单叶,小,轮状排列;原生中柱或管状中柱;孢子囊着生在孢囊柄上,并聚成孢子囊穗;大多同孢。本门化石始现于早、中泥盆世,石炭纪至二叠纪全盛,有乔木、草本和小型藤本各种生活型植物。中生代以后只有草本植物,现代仅存木贼一属[见图 16-16(c)]。

(4)真蕨植物。是现存数量最多的蕨类植物,其最突出的特征是有大型的羽状复叶,孢子囊不聚成穗而是单个或成群着生于叶的背面;茎不发育,多为根状茎;管状中柱至网状中柱。真蕨植物出现于早泥盆世,石炭纪和二叠纪十分繁盛,中生代也十分丰富,现在仍有大量属种,如真蕨[见图 16-16(d)]。

(四)裸子植物

裸子植物是介于蕨类植物和被子植物之间的一类维管植物。它和苔藓、蕨类植物的相同之处是具有颈卵器。其最大的特点是能产生种子,但种子裸露,没有被果皮包被,故称为裸子植物。大多数为单轴分枝的高大乔木,有强大的根系。维管系统发达。叶有大型的羽状复叶、带状单叶和小型的针状、鳞片状和扇状叶,在长枝上呈螺旋状排列,在短枝上呈枝顶簇生。裸子植物出现于晚泥盆世,石炭纪开始繁盛,中生代极盛,在当时植物界中占优势地位,中生代末退居次要地位。裸子植物有以下几类常见化石代表:

(1)种子蕨植物。具有多次羽状复叶,种子生在叶的尖端、羽轴或叶的边缘上。出现于晚泥盆世,石炭纪极盛。种子蕨植物出现于晚泥盆世,石炭纪和二叠纪时十分繁盛,古生代末衰退,中生代末灭绝。其代表有脉羊齿[见图16-17(a)]等。

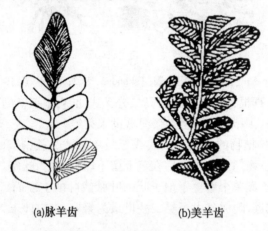

(a)脉羊齿　　　　　　　　(b)美羊齿

图16-17　蕨形叶类型

(2)科达树植物。多为高大乔木,高达20~30 m,茎1 m。叶很大,常呈狭长带状,具简单平行脉,仅在靠基部处才有二分叉,出现于晚泥盆世,石炭纪和二叠纪极盛。

(3)银杏植物。为高大乔木,高达50 m,茎粗2 m。叶扇形,具柄,叶顶中央常有不深的裂口,叶脉二分叉式且平行延伸。最早见于晚石炭世,中生代进入繁盛时期,现在尚有代表银杏(白果)。

(4)苏铁和本内苏铁。两者均为矮短的长绿木本植物。茎粗短,叶大。羽轴两侧的裂片具平行叶脉,如尼尔桑(见图16-18)。苏铁最早见于晚石炭世,现在尚有代表。本内苏铁出现于二叠纪。

图16-18　苏铁纲的叶化石

(5)松柏植物。多为乔木或灌木,常形成森林。主干极发达,单轴式分枝。小型单叶,单脉。出现于晚石炭世,中生代繁盛,现尚有少数代表。

(五)被子植物

被子植物是植物界中最高级、分布最广、形态变化最多和构造最复杂的一类种子植物。被子植物的孢子体高度发展和分化,具有典型的根、茎、叶、花、果实和种子等器官。因为有显著而美丽的花朵,又称显花植物。被子植物仅包含被子植物门,下分两个纲,即双子叶纲和单子叶纲。被子植物的化石最早发现于白垩纪初期,至晚白垩世已分布广泛且迅速分化,新生代占据主导位置。

小 结

1.化石是指保存在各地质时期岩层中的生物遗体和生命活动的痕迹。

2.化石形成的条件包括生物条件、环境条件、埋藏条件、时间条件和成岩条件。

3.根据化石的保存特点,化石分为实体化石、模铸化石、遗迹化石、化学化石四大类型。

4.古生物的基本分类等级是界、门、纲、目、科、属和种。

5.种,又称为物种,它是由于一个或许多个居群所组成的一个自然单位,同种的个体具有基本相同的形态、构造、生理和生态等特征,都能互相交配而繁殖后代。

6.属是由起源上有直接联系,在形态、构造、生理和生态等特征上相似的若干个物种所构成的分类单位,即由一些具有某些共同特征、亲缘关系又十分亲近的物种所组成的较高一级的分类单位。

思考题

1.化石是如何形成的?

2.简述生物遗体的成岩条件。

3.化石的保存类型有哪些?

4.物种的命名法则有哪些?

5.简述三叶虫的主要特征。

6.蕨类植物有哪些? 分别具有哪些特征?

项目十七　地壳历史简述

【导入】

　　地球的历史称为地史,以研究地球地质历史和发展规律为主要内容,具体包括地球形成以来的古地理沉积环境和生物演化、地质构造运动、岩浆活动、变质活动、成矿作用等相关过程和规律,属于古生物地史学研究的范畴。本项目只作简要的介绍。

【正文】

任务一　前寒武纪

一、太古宙

　　太古宙是地质年代中最古老、历时最长的时期,自地球形成至 25 亿年前,是原始地壳、大气圈、沉积圈和生物圈形成、发展的初期。太古宙进一步划分为始太古代、古太古代、中太古代、新太古代。

　　太古宙是地壳形成的初期,出露或浅埋的太古宙地壳,再加上隐伏的古老基底,构成了大陆原始格架的雏形。地质学家在澳大利亚西部石英岩中发现了年龄达 42 亿年的碎屑锆石,说明此时可能已有小型的陆块存在,地球已经完成圈层分异,并形成了初始陆壳;太古代发生广泛而强烈的岩浆活动,火山频繁喷发,使大气圈和水圈得以形成。地球上开始出现风化、剥蚀、搬运、沉积等外力地质作用,开始出现沉积岩,大气圈和水为原始生命的孕育和发展创造了条件。

　　太古宙主要出露两种变质岩组合:一是高级变质岩区,主要岩性为麻粒岩、各类片麻岩和变粒岩;二是绿岩带,主要组成岩性有低变质程度的片岩、千枚岩、板岩、变质砂岩和变质火山岩等。这两种岩石中的侵入岩称为 TTG,即主要由云英闪长岩(tonalite)、奥长花岗岩(trondjemite)和花岗闪长岩(granodiorite)组成,TTG 的成因是早期大陆形成及演化研究的热点内容之一。

目前认为地球上最早的生物出现于太古宙。在某些浅海环境中,部分无机物质经过化学演化为有机物质,进而发展为有生命的原核细胞(见图 17-1),构成形态简单的无真正细胞核的细菌和藻类。在 38 亿年前的格陵兰太古宙沉积岩中发现的碳氢化合物,被认为是当时已经存在生物的证据;在 34 亿~35 亿年前的西澳大利亚的沉积中找到的丝状至链状细胞,可能代表当时出现了原始的细菌和藻类。

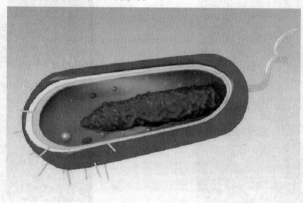

图 17-1　原核细胞

太古宙时期地壳发生了多次强烈的构造运动,使太古宙地层褶皱、变质、岩浆侵入。以我国华北地区为例,在太古宙时期就出现了变质热事件、岩浆侵位和构造运动等重大地质事件,这些地质事件叠加导致了硅铝陆壳的加厚与扩大,即地壳增生。晚太古代末期,华北地区的硅铝壳已初具规模,华北板块的雏形——华北陆核已初步形成。强烈的构造运动扩大了原始古陆的范围,增加了稳定程度,同时形成了许多重要矿产,如铁、铀、金等,太古宙地层是我国重要的铁矿含矿层。

二、元古宙

元古宙是地壳演化的第二个时间单位,距今 25 亿~5.4 亿年,延续达约 19 亿年。元古宙自老而新可分为古元古代、中元古代、新元古代,是地壳演化史上重要且独具特色的阶段。这时期太古宙阶段所形成的陆核继续增长,由小变大,从薄变厚,岩性也由偏基性逐渐向偏酸性转化;中元古代全球各主要原始陆壳板块已初具规模,到新元古代晚期,形成了一大批稳定刚性板块。

元古宙早期到中期,大气圈和水圈由缺氧大气成分逐渐变化,出现含氧大气圈和水圈以及气候分带,出现了早期的纹带状硅铁沉积和含金-铀的砾岩和中期的含铁红砂岩、高价铁矿层和可燃有机岩的沉积。中、新元古代开始出现大量海相原生白云岩,指示大气圈中的 CO_2 的比例已低于太古宙。元古宙后期发生了第一次全球性的大冰期,我国称为南华大冰期。我国南方、西北、华北南部,以及澳大利亚、印度、西北欧、西伯利亚、北美西部、南非等地都发现过冰川遗迹。

地壳运动、岩浆活动和变质作用较太古宙有所减弱,但仍然强烈而广泛,在我国曾发生了吕梁运动、晋宁运动等,在北美有克诺勒运动、哈德逊运动等。造山运动使小陆块拼合形成古陆,最后成为各大陆的古老基底和核心,如我国形成华北板块、塔里木板块、扬子板块和西藏(冈瓦纳)板块等几个稳定板块。地壳运动还形成一些与岩浆活动有关的内生矿产和大型铁、锰、磷等沉积矿产。

　　生物演化在元古宙有较大发展,元古宙早期已出现真核细胞的菌藻类植物(见图 17-2);中、新元古宙出现真核生物并开始繁盛,在此阶段还出现了软驱体后生动物群(见图 17-3),其中有类腔肠动物、环节动物、节肢动物;震旦纪末开始出现少量的带壳生物。

图 17-2　红藻

图 17-3　水母

任务二　早古生代

　　早古生代距今 5.4 亿~4.1 亿年,历时 1.3 亿年,包括寒武纪、奥陶纪、志留纪三个纪,代表显生宙的早期阶段。古生代在生物、沉积和地壳运动等方面均有显著的特征,地球的发展历史从此进入了一个新的阶段。

　　从全球板块构造格局和海平面升降过程来看,古生代的历史是联合古大陆形成的历史。早古生代初期,全球存在五个古大陆,分别是北美、欧洲、西伯利亚、中国和冈瓦纳联合大陆,其中前四个都位于现代的北半球,当时这四个古大陆基本都处于中低纬度,海侵广泛,地层发育;冈瓦纳联合大陆(包括南美洲、非洲、印度、澳大利亚和南极洲)则经历了从中低纬度向南半球高纬度漂移的过程,海侵较局限,地层也主要发育在大陆边缘地带。这五个古大陆的边缘为构造活动带所环绕,并被大洋盆所分隔。

　　志留纪末期,加里东运动发生了大量褶皱运动,使许多大地槽发生海水后退,陆地面积增加,并形成许多新的褶皱山脉和高地,同时伴随发生了大量的花岗岩浆活动和变质作用。我国的祁连山褶皱带、华南褶皱带便形成于这一时期。因此,早古生代又被称为加里东构造阶段(旋回)。

　　早古生代生物界出现了重大变革。从寒武纪开始,地球上硬壳生物的突发辐射性涌现和以澄江动物群为代表的生物大爆发,尤以海生无脊椎动物三叶虫、珊瑚、鹦鹉螺、腕足类等极为繁盛(见图 17-4),因此早古生代也被称为海生无脊椎动物时代。寒武纪之后,从奥陶纪开始出现的无颌类,逐渐适应了淡水生活;晚志留世出现颌类和适应半陆生活的裸蕨植物,植物从水生到陆生的飞跃,是生物演化史的重要事件。

　　古生代的生物成岩作用较前寒武纪普遍,一般未能形成大型生物礁和介壳礁。与前寒武纪形成的钙镁碳酸盐明显不同的是,寒武纪形成的碳酸盐以碳酸钙为主要成分。值得注

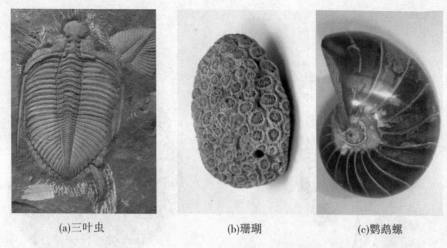

|(a)三叶虫|(b)珊瑚|(c)鹦鹉螺|

图 17-4　海生无脊椎动物

意的是,古生代较常见到代表干热气候的紫红色泥质沉积、含石膏和食盐假晶的钙泥质沉积,说明大气和水中含氧量较高,也与前寒武纪有明显区别。

任务三　晚古生代

晚古生代距今 4.1 亿~2.5 亿年,历时约 1.6 亿年,包括泥盆纪、石炭纪、二叠纪三个纪。

晚古生代又称为海西构造阶段(旋回)。在石炭纪—二叠纪发生的海西运动,主要板块碰撞、拼合导致赤道洋和乌拉尔海消失,形成了一系列褶皱山脉,如乌拉尔山脉、阿帕拉契山脉以及我国的天山、昆仑山、大小兴安岭等山脉,最终形成了统一的劳亚古陆,并与冈瓦纳古陆相接形成联合古陆,同时形成了特提斯洋,即古地中海。

晚古生代是陆生生物大发展的时代。晚志留世至泥盆纪早期,生长于近水地区的半陆生植物裸蕨类(见图 17-5)占据了重要地位,到泥盆纪晚期,乔木型陆生植物大量发展并形成小型森林,是植物界完成脱离水体的重大变革的标志,这是生物发展史上的重要事件。石炭纪晚期,植物界为适应不同气候条件形成了纬度分带,说明陆生植物已能征服不同气候环境发展。陆生植物的繁盛,是石炭纪—二叠纪形成大量煤层的重要的物质基础。世界上的一些主要煤田,包括我国华西北的许多大煤田就是该时期形成的。

晚古生代同样是动物从海洋向陆地发展的时代。晚泥盆世出现了鱼类向两栖类的转变,晚石炭纪出现了原始爬行动物,完全摆脱了对水体的依赖,动物界也完成了对陆地的征服。同时,海生无脊椎动物仍然统治广阔的海洋,晚古生代海洋动物以腕足类中的石燕贝类和长身贝类、珊瑚和菊石类(见图 17-6)的繁荣为特征;而早古生代的三叶虫、笔石、鹦鹉螺类等大量减少并最终灭绝;鱼类在泥盆纪达到了全盛。石炭纪—二叠纪的湖泊环境,使两栖类的演化和发展极为繁盛,因此也称为两栖类时代。

晚古生代全球气候分带变得明显,最值得关注的是石炭纪、二叠纪时,主体处于南半球高纬度的冈瓦纳大陆,形成了著名的冈瓦纳大陆冰盖,其上广泛分布的冰碛物,是大陆漂移、板块分合的重要证据。

图 17-5　髻子羊齿科植物

图 17-6　菊石

任务四　中生代

　　中生代距今 2.5 亿~0.65 亿年,历时约 1.85 亿年,包括三叠纪、侏罗纪、白垩纪三个纪。与古生代相比,中生代的构造运动、岩浆活动以及古生物、古地理等方面均有明显的差异和新的发展,是一个强烈活动的时代。

　　中生代是全球构造活动增强的时期,也是泛大陆重新分裂的时期。在古生代末期,地球上出现了一个联合古陆(泛大陆),并在三叠纪中期达到鼎盛。大约在晚三叠世,印支运动导致古特提斯洋封闭和新特提斯洋扩张,联合古陆开始分裂。三叠纪—侏罗纪时,北美洲与非洲、欧洲分离,形成了原始的北大西洋,北大西洋扩张使特提斯洋向西与太平洋相通,泛大陆被分为北部的劳亚古陆和南部的冈瓦纳古陆。晚侏罗纪和白垩纪是分裂的主要时期,冈瓦纳大陆破裂,形成了南大西洋,南美洲与非洲分离;大洋洲、南极洲此时也与非洲、印度分离,形成了东印度洋。

　　在中生代,陆生裸子植物、爬行动物陆生恐龙类(见图 17-7)和海生无脊椎动物菊石类极为繁盛,所以中生代又有裸子植物时代、爬行动物时代和菊石时代之称。全球性生物集群灭绝事件是白垩纪的重要事件,陆生恐龙类和海洋菊石、微体等门类大量灭绝,可能与地外小星体陨击、地内大规模火山喷发、自然地理环境急剧变革等多重灾变事件耦合有关。

　　中生代期间的古气候和古地理也发生过较明显的变化。三叠纪以干旱气候为主,陆相红层和海相地层中膏盐沉积发育;晚三叠世潮湿气候影响开始扩大,从侏罗纪起海侵范围开始扩大,白垩纪则是地史上最大的海侵期之一。侏罗纪和白垩纪全球相对温暖,通常只有热带、亚热带和温带的差异,两极没有出现冰盖。

　　中生代的中国有强烈的造山运动,如著名的印支运动和燕山运动。我国东部发生了活动的褶皱、断裂和岩浆活动,形成一系列华夏式隆起和凹陷及许多与岩浆活动有关的有色金属金属矿床,在断陷盆地中形成煤、石油和油页岩等矿物。

图 17-7　陆生恐龙类

■ 任务五　新生代

　　新生代为地球历史中最近的 65 M 年的地质时期,包括第三纪和第四纪两个纪。新生代因生物界总貌与现代相近得名。

　　新生代地球岩石圈构造演化发生了巨大变动。始新世晚期,印度板块与古亚洲板块碰撞,新特提斯洋消失,此后印度板块向北俯冲,与亚欧大陆碰撞导致青藏高原快速抬升;古太平洋在始新世晚期的运动方向由北北东转变为北西西,开始形成了古亚洲大陆东缘沟—弧—盆体系,弧后和陆内裂谷作用在大陆内部广泛出现。

　　强烈的造山运动使大气环流系统特别是区域性环流系统发生变化,许多地方趋向于干冷。我国西部青藏高原的隆起,使东部季风环流系统发生巨大变化,华南地区形成了与同纬度地区有明显区别的暖湿森林景观。第四纪地球上发生了大规模的冰川作用,经历了多次冰期与间冰期的变化,生物也因此发生各种变化。

　　哺乳动物和被子植物大发展是新生代生物界的重要特征,因此新生代也称为哺乳动物时代或被子植物时代。早第三纪早期是古有蹄类及肉齿类(并称为"古老类型")繁盛的时期,早第三纪中期"古老类型"开始灭绝,同时奇蹄类和肉食类得到繁荣,早第三纪晚期大部分奇蹄类灭绝,同时偶蹄类得到大发展,迅速演化。第四纪是哺乳动物和现代人类出现及演化的时期,也称为人类时代。大量化石证据证明,人类进化有三个阶段:南方古猿阶段—直立人阶段—智人阶段(见图 17-8)。

图 17-8　人类的进化

　　被子植物在新生代得到突发演化并占据主要地位。早第三纪被子植物以乔木为主,和中生代相比有明显的多样性,晚第三纪基本由现代属组成,第四纪高等植物与现代植物基本一致。以我国第三纪植物为例,早第三纪木本植物大发展,乔木、灌木繁盛,晚第三纪草本植物得到繁荣发展,出现大量现代种和属,古老的蕨类、裸子植物等减少。

小　结

　　本项目简要介绍了地球形成最早期至近期的相关历史,包括几个主要时期的时间、包含的时代,不同时期的全球构造环境、气候变化、生物进化、成矿作用和部分相关的重要事件。地壳历史是一个不断发展的过程,学习时要以发展的眼光看待地壳的发展史,同时要以联系的眼光思考问题:同时期的全球构造环境与气候、生物有何联系,不同时期的全球构造环境、气候变化、生物进化分别发生了哪些改变等。在学习地史学的过程中,一要与构造地质学、古生物学和岩石学相结合,与相关学科更细致的内容融会贯通;二要与当今的研究热点相结合,分析相关的研究热点在地史学中的重要意义。

思考题

　　1.TTG 是早期大陆形成及演化研究的热点,它是几种岩石组合的缩写,这几种岩石分别什么? 它们的矿物和地球化学特征是什么?

　　2.全球性第一次大冰期出现在什么时期? 在地史上有哪些重要记录?

　　鹦鹉螺和菊石分别形成于什么时期? 它们之间有什么相似之处和区别?

　　藏高原的隆起对我国气候有哪些影响?

参 考 文 献

［1］李叔达.动力地质学原理［M］.北京:地质出版社,1987.

［2］吴泰然,何国琦,等.普通地质学［M］.北京:北京大学出版社,2015.

［3］潘兆橹.结晶学及矿物学［M］.北京:地质出版社,1985.

［4］谢文伟,黄体兰,周仁元,等.普通地质学［M］.北京:地质出版社,2007.

［5］陶世龙,万天丰,程捷.地球科学概论［M］.北京:地质出版社,2010.

［6］安润莲. 地质学基础［M］. 徐州:中国矿业大学出版社,2009.

［7］汪新文. 地球科学概论［M］. 北京:地质出版社,1999.

［8］柳成志,冀国盛,许延浪. 地球科学概论［M］. 北京:石油工业出版社,2008.

［9］童金南,殷鸿福. 古生物学［M］. 北京:高等教育出版社,2007.